信息物理系统(CPS)导论

于秀明　孔宪光　王程安　编著

华中科技大学出版社
中国·武汉

内 容 简 介

本书从概念、认识、架构、技术、标准、应用、测试到发展介绍了信息物理系统(CPS)的理论知识、技术方法、应用实践。本书立足前瞻性的角度,采用系统性的思维,强化落地应用,具有全面性、系统性、创新性和实践性强的特点,适合从事智能制造、工业互联网、数字化转型、两化融合的专业技术人员阅读以及从事CPS、数字孪生、工业大数据、工业人工智能等的研究人员参考,也可以作为高校相关专业"信息物理系统"课程的教材。

图书在版编目(CIP)数据

信息物理系统(CPS)导论/于秀明,孔宪光,王程安编著.—武汉:华中科技大学出版社,2022.11(2025.1重印)
ISBN 978-7-5680-8098-9

Ⅰ.①信… Ⅱ.①于… ②孔… ③王… Ⅲ.①控制系统-研究 Ⅳ.①TP271

中国版本图书馆CIP数据核字(2022)第220007号

信息物理系统(CPS)导论
Xinxi Wuli Xitong (CPS) Daolun

于秀明 孔宪光 王程安 编著

策划编辑:万亚军
责任编辑:程 青
封面设计:廖亚萍
责任监印:周治超
出版发行:华中科技大学出版社(中国·武汉) 电话:(027)81321913
武汉市东湖新技术开发区华工科技园 邮编:430223
录 排:武汉市洪山区佳年华文印部
印 刷:武汉邮科印务有限公司
开 本:710mm×1000mm 1/16
印 张:10
字 数:200千字
版 次:2025年1月第1版第2次印刷
定 价:49.80元

前　　言

信息物理系统(cyber-physical systems,CPS)因控制技术而起,因信息技术而兴。信息物理系统通过集成先进的感知、计算、通信、控制等信息技术和自动控制技术,构建了物理空间与信息空间中人、机、物、环境、信息等要素相互映射、适时交互、高效协同的复杂系统,实现系统内资源配置和运行的按需响应、快速迭代、动态优化。随着制造业与互联网融合迅速发展壮大,信息物理系统作为一项颠覆性创新技术,正成为支撑和引领全球新一轮产业变革的核心技术体系,驱动着物理世界与信息世界的融合发展与创新应用,促使制造体系的重构与制造范式的迁移,为制造业高质量发展带来了全新的发展机遇。

2006 年,美国国家科学基金会(NSF)对 CPS 概念做了详细描述,将其作为美国抢占全球新一轮产业竞争制高点的优先议题。2013 年,德国将 CPS 作为"工业4.0"的核心技术,在标准制定、技术研发、验证测试平台建设等方面做出一系列战略部署。《中国制造 2025》提出:基于信息物理系统的智能装备、智能工厂等智能制造正在引领制造方式变革,要围绕控制系统、工业软件、工业网络、工业云服务和工业大数据平台等,加强信息物理系统的研发与应用。《国务院关于深化制造业与互联网融合发展的指导意见》明确提出:构建信息物理系统参考模型和综合技术标准体系,建设测试验证平台和综合验证试验床,支持开展兼容适配、互联互通和互操作测试验证。

当前,面对抢占新一轮科技革命和产业变革竞争制高点的新形势,面对"以加快新一代信息技术与制造业深度融合为主线,以推进智能制造为主攻方向"的战略方针,应实现信息技术从单项业务应用向多业务综合集成转变,从单一企业应用向产业链协同应用转变,从局部优化向全业务流程再造转变,从提供单一产品向提供一体化的"产品+服务"转变,从传统的生产方式向柔性智能的生产方式转变,从实体制造向实体制造与虚拟制造相融合的制造范式转变。

智能制造是制造系统的集成、制造体系的重建、制造模式的再造,基于信息物理系统的智能装备、智能工厂等智能制造正在引领制造方式变革。面对信息化和工业化深度融合进程中不断涌现的新技术、新理念、新模式,如何全面充分认识作为信息化与工业化深度融合的跨学科、跨领域、跨平台的综合技术体系的信息物理系统,对"制造强国"建设至关重要。信息物理系统的本质是构建一套信息空间与物理空间之间基于数据自动流动的状态感知、实时分析、科学决策、精准执行的闭环赋能体系，解决生产制造、应用服务过程中的复杂性和不确定性问题，提高资源配置效率，实现资源优化。

2017 年 3 月，中国电子技术标准化研究院联合中国信息物理系统发展论坛成员单位，共同研究编撰了《信息物理系统白皮书(2017)》，从“为什么”“是什么”“怎么干”“怎么建”“怎么用”“怎么发展”等方面对制造业 CPS 展开论述，业界基本达成“信息物理系统能够将感知、计算、通信、控制等信息技术与设计、工艺、生产、装备等工业技术融合，能够将物理实体、生产环境和制造过程精准映射到虚拟空间并进行实时反馈，能够作用于生产制造全过程、全产业链、产品全生命周期，能够从单元级、系统级到系统之系统(SoS)级不断深化，实现制造业生产范式的重构”的认知，以及“一个总体定位、连接两大空间、作用三个层次、打通四个环节、四大技术要素、六大典型特征”的理论共识。

2017 年 10 月，中国电子技术标准化研究院结合 CPS 测试验证组织了信息物理系统(CPS)应用案例征集活动，共收到案例 35 份，通过专家评审，共有 28 份案例入选案例集，在为期一年的校稿及出版流程后，最终于 2019 年 4 月正式印刷出版了《信息物理系统(CPS)典型应用案例集》。典型行业共性建设方案是推动 CPS 落地与发展的重要抓手，既可以促进关键共性技术的突破，又可以推动制造企业的个性化应用。基于价值体系、建设模式选择、建设实施的思路，信息物理系统可在汽车制造业、航空航天业、石化行业、船舶行业和烟草行业落地应用，形成不同模式的解决方案，为企业带来不同的价值。

2018 年，中国电子技术标准化研究院牵头承担了“信息物理系统共性关键技术测试验证平台建设与应用推广”项目，建成信息物理系统测试验证平台，通过标准化的测试方法、系统化和模型化的测试过程，对共性关键技术开展测试验证，并能够对外提供服务；通过系统数字化模型、测试工具和用例的研发，使共性关键技术测试验证能力显著提升；通过知识库、模型库和资源库、标准库的构建，使知识与经验沉淀，持续优化完善测试验证服务；通过服务门户的建设，使共性技术与测试技术能够得到有效推广和应用。

2020 年，在工业和信息化部信息技术发展司的指导下，中国电子技术标准化研究院联合制造业相关企业研究形成了《信息物理系统(CPS)建设指南》，立足于 CPS“有什么价值”，探索 CPS“如何分步实施”，着力推动 CPS 的发展由理论共识转向工程实践，打通 CPS 建设“最后一公里”问题，助力制造企业在“乱花渐欲迷人眼”的“概念丛林”中，坚定建设 CPS 的决心，在“山重水复疑无路”的“实施困境”中，提供 CPS 的建设模式。

新基建对中国经济有着至关深远的影响,5G、工业互联网、大数据、人工智能等将为人类社会带来重大变革。十九届五中全会提出:“加快发展现代产业体系,推动经济体系优化升级。坚持把发展经济着力点放在实体经济上,坚定不移建设制造强国、质量强国、网络强国、数字中国,推进产业基础高级化、产业链现代化,提高经济质量效益和核心竞争力。要提升产业链供应链现代化水平,发展战略性新兴产业,加快发展现代服务业,统筹推进基础设施建设,加快建设交通强国,推进能源革命,加快数字化发展。”

制造业数字化、网络化、智能化的过程,是在信息空间重建制造流程,并基于此不断提升制造效率的过程。未来制造,将是基于信息物理系统的制造,将是数据驱动、软件定义、平台支撑的制造,将是实体制造与虚拟制造实时交互的制造,产品、设备、工艺流程都将以数字双胞胎的形态出现。

本书详细介绍了 CPS 概念、认识、架构、技术、标准、应用、测试、发展等方面的理论知识、技术方法、应用实践。

(1) 基础篇:信息物理系统通过数据、软件、网络、平台等信息技术与人员、机器、物料、环境、供应链等制造要素的深度融合,构建一个信息空间与物理空间数据自动流动的闭环赋能体系,实现生产制造的自主协调、智能优化和持续创新,推动制造业与互联网融合发展。

(2) 认识篇:信息物理系统不仅是一套技术体系,也是一套人类认识和改造世界的新方法,还是一个制造业价值观、方法论、发展模式和运行规律的认识框架。信息物理系统是数据价值提升与业务流程再造的规则体系。信息物理系统构建了物理空间和信息空间各要素相互映射、适时交互、高效协同的复杂系统,将物理空间设备、产线、工厂等物理环境以及“研发设计—生产制造—运营管理—产品服务”等业务环节,在信息空间相对应地构建起数字孪生设计、数字孪生工艺、数字孪生流程、数字孪生产线、数字孪生产品等,实现生产全生命周期流程在信息空间的数字孪生重构,并通过数字主线,实现各数字孪生体之间的数据贯通,通过“数据+模型”实现数据—信息—知识—策略的转化,构建起数据价值提升与业务流程再造的规则体系,即实现业务数据化、知识模型化、数据业务化、决策执行化的逻辑闭环。

(3) 架构篇:面对产业生态系统构建的重大窗口期,面对构建技术先进、产业领先、安全可控体系的历史任务,我们需要借鉴国外优秀的研究成果,需要系统总结中国两化融合的多年实践,更需要有领跑者思维和持续创新的勇气,提出具有中国特色的信息物理系统的技术架构,增强产品和服务的定义能力、产业生态的驾驭能力。

(4) 技术篇:开展信息物理系统的研究就是要构建一套符合我国国情的信息

化和工业化深度融合的技术体系,通过这套技术体系形成指导我国工业实践的方法论、技术谱系、标准体系。当前的技术体系可能会被未来的技术体系所颠覆,因此对信息物理系统的认识不是静态的,而是动态的、演进的、优化的过程。同时,信息物理系统的建设,只有起点,没有终点,是一个认识和应用不断深化的过程。

(5) 标准篇:推进两化深度融合是一项富有创新性的伟大实践,信息物理系统作为支撑两化深度融合的综合技术体系,是推动制造业与互联网融合发展的重要抓手。虚拟制造的应用,将会经历从碎片化到一体化、从局部到全局、从静态到动态的过程,逐渐涵盖研发设计、制造过程、服务运营的全流程,因此必须有标准支撑。

(6) 应用篇:行业应用试点示范是牵引技术应用测试和标准体系建立的有效手段,应从特定行业、特定应用场景两个角度来考虑试点示范工作的推进思路。一是开展信息物理系统技术平台试点示范,在基础数据采集、设备互联互通、异构数据集成、生产资源优化等领域,形成一批行业应用示范项目。二是开展 CPS 行业系统解决方案试点示范,面向生产设备及生产线改造、数据共享、工艺流程改造、能耗智能管控等重点,通过匹配客户需求和信息物理系统最佳实践,以及可复制、可推广的行业系统解决方案,建设应用案例库,形成边研究、边试点、边推广的联动模式。

(7) 测试篇:测试验证平台是实现信息物理系统高效适配、安全可靠的关键载体,是整合产业链创新资源的重要手段,是当前阶段推广普及信息物理系统的重要抓手。信息物理系统是构建工业互联网平台的基础,为此,中国电子标准化研究院围绕信息物理系统开展了标准协议兼容、数据互操作、物理单元建模、异构系统集成、工业信息安全等的测试工具开发及企业测试工作,围绕信息物理系统测试及技术研发共编制了 6 项标准,分别是标准协议兼容测试规范、数据互操作测试规范、物理单元建模测试规范、异构系统集成测试规范、工业信息安全测试规范、工业网关技术要求,并于 2018 年 9 月正式获得 CNAS 认证资质,成为全国首家具备信息物理系统正式测试能力的第三方机构,共可测试 3 大类 17 小项。

(8) 发展篇:信息物理系统在中国的应用和发展必须与中国的实践相结合,从中国的工业实践出发,体现对实践规律的理论认识。从本质上来说,从工业领域的实施路径和落地方案来看,信息物理系统不是传统制造思维的线性延伸,不是传统制造要素的全面展开,也不完全是制造阶段的整体跨越,而应该是适用性和先进性、局部实现和整体实现的相对统一。

本书全面性、系统性、创新性和实践性强,适合从事智能制造、工业互联网、数字化转型、两化融合的专业人士阅读,满足从事 CPS、数字孪生、工业大数据、工业人工智能等研究人员的需要，可以作为高校相关专业课程教材和产业专业用书，可以促进我国数字化转型升级、产业发展、高水平 CPS 产品及方案研发，为企业建设 CPS 落地及全面推广奉献力量，为培养不同层次的人才服务！

本书由中国电子技术标准化研究院于秀明主任、西安电子科技大学孔宪光教授及中国电子技术标准化研究院王程安撰写。在本书编制过程中作者集思广益，得到了国内 CPS 领域的专业研究团队的大力支持，贾超、苏伟、马洪波、黄琳、陈改革、郑珂、杜玉琳、杨梦培、张羽、夏晓峰、朱铎先、陈虎、张明明、张星智、靳春蓉、丁研、杨春节、周训淼、吴庚、张瑞、张星星、张瀚文、杨卓峰、黄明吉、郑舒阳、李晗、吕立勇、王莉、逄新利、高谊、傅金泉、雷慧桃、安高峰、李永杰、董孝虎参与了本书的编制，西安电子科技大学智能制造与工业大数据研究中心的程涵、杨胜康参与了本书的编制与校对，在此表示衷心的感谢。

由于笔者水平有限，加之 CPS 领域发展日新月异，书中难免有不足之处，恳请广大读者批评指正。

作者

2022 年 2 月

目　　录

第1篇　信息物理系统之基础篇

第2篇　信息物理系统之认识篇

第3篇　信息物理系统之架构篇

第 4 篇 信息物理系统之技术篇

第 5 篇 信息物理系统之标准篇

第 6 篇 信息物理系统之应用篇

第7篇　信息物理系统之测试篇

第8篇　信息物理系统之发展篇

第1篇　信息物理系统之基础篇

第1章　信息物理系统的内涵

1.1　信息物理系统的来源

1. 术语来源

信息物理系统(cyber-physical systems,CPS)这一术语,最早由美国国家航空航天局(NASA)于1992年提出,其后这个概念因为一次危机事件而被美国政府高度重视。2006年,美国国家科学基金会(NSF)科学家海伦·吉尔(Helen Gill)在国际上第一个关于信息物理系统的研讨会(NSF Workshop on Cyber-Physical Systems)上对这一概念进行了详细描述。"cyber"一词容易使人们联想到"cyberspace"(赛博空间)的概念。"cyberspace"最早在1982年美国作家威廉·吉布森(William Gibson)发表的短篇小说《燃烧的铬合金》(*Burning Chrome*)中出现,并在后来的小说《神经漫游者》(*Neuromancer*)中普遍使用,为公众所熟知。

但事实上,cyber-physical systems术语的来源可以追溯到更早时期,1948年诺伯特·维纳受到安培的启发,创造了"cybernetics"这个单词。1954年钱学森所著*Engineering Cybernetics*一书问世,第一次在工程设计和实验应用中使用这一名词。1958年其中文版《工程控制论》出版,"cybernetics"被翻译为"控制论"。此后"cyber"常作为前缀,应用于与自动控制、计算机、信息技术及互联网等相关的事物。针对cyber-physical systems,国内部分专家学者将其翻译成"信息物理融合系统""赛博物理系统""网络实体系统""赛博实体融合系统"等,本书将其翻译为"信息物理系统"。

2. 技术来源

信息物理系统是控制系统、嵌入式系统的扩展与延伸,其涉及的相关底层理论技术源于对嵌入式技术的应用与提升。然而,随着信息化和工业化的深度融合发展,传统嵌入式系统中解决物理系统相关问题所采用的单点解决方案已不能适应新一代生产装备信息化和网络化的需求,急需对计算、感知、通信、控制等技术进行更为深度的融合。因此,在云计算、新型传感、通信、智能控制等新一代信息技术的迅速发展与推动下,信息物理系统顺势出现。

3. 需求来源

当前我国工业生产正面临产能过剩、供需矛盾、成本上升等诸多问题,传统的研发设计、生产制造、应用服务、经营管理等方式已经不能满足广大用户新的消费需求、使用需求,迫使制造业转型升级,提高对资源配置利用的效率。制造业企业急需新的技术应用使得自身生产系统向柔性化、个性化、定制化方向发展。而CPS正是实现个性化定制、极少量生产、服务型制造和云制造等新的生产模式的关键技术。在大量实际应用需求的推动下,CPS顺势出现,为实现制造业转型升级提供了一种有效的实现途径。

1.2　信息物理系统的概念

通过对现有各国科研机构及学者的观点进行系统全面研究,本书尝试给出CPS的定义,即CPS通过集成先进的感知、计算、通信、控制等信息技术和自动控制技术,构建物理空间与信息空间中人、机、物、环境、信息等要素相互映射、适时交互、高效协同的复杂系统,实现系统内资源配置和运行的按需响应、快速迭代、动态优化。我们把信息物理系统定位为支撑两化深度融合的一套综合技术体系,这套综合技术体系包含硬件、软件、网络、工业云等一系列信息通信技术和自动控制技术,这些技术的有机组合与应用,构建起一个能够将物理实体和环境精准映射到信息空间并进行实时反馈的智能系统,作用于生产制造全过程、全产业链、产品全生命周期,重构制造业范式。

基于硬件、软件、网络、工业云等一系列工业和信息技术构建起的智能系统的最终目的是实现资源优化配置。实现这一目的的关键要靠数据的自动流动,在流动过程中数据会经过不同的环节,在不同的环节以不同的形态(隐性数据、显性数据、信息、知识)显示出来,在形态不断变化的过程中逐渐向外部环境释放蕴藏在其背后的价值,为物理空间实体"赋予"实现一定范围内资源优化的"能力"。因此,信息物理系统的本质就是构建一套信息空间与物理空间之间基于数据自动流动的状态感知、实时分析、科学决策、精准执行的闭环赋能体系,解决生产制造、应用服务过程中的复杂性和不确定性问题,提高资源配置效率,实现资源优化。

第 2 章　信息物理系统的研究现状

自 2006 年至今，CPS 的发展得到了许多国家和地区政府的大力支持和资助，已成为学术界、科技界、企业界争相研究的重要方向，获得了国内外计算机、通信、控制、生物、船舶、交通、军事、基础设施建设等多个领域研究机构与学者的关注和重视。同时，CPS 也是各行业优先发展的产业领域，具有广阔的应用前景和商业价值。

2.1　信息物理系统的国外研究现状

国际上，有关 CPS 的研究大多集中在美国、中国、日本、韩国、欧盟等国家和地区，如表 2-1 所示。

表 2-1　信息物理系统在世界主要国家和地区的研究现状

国家和组织	研究方向	研究成果
美国 NIST	理论和标准研究：参考架构、应用案例、时间同步、CPS 安全、数据交换	(1) 成立 CPS 公共工作组(CPS PWG)； (2) 发布 CPS 框架 1.0(2016 年 5 月)； (3) 搭建 CPS 测试验证平台(Testbed)
美国 IEEE TC-CPS	标准研究：开展 CPS 相关标准研制工作	(1) 成立 IEEE TC-CPS； (2) 定期举办学术会议(CPS Week)
欧盟	战略分析和理论研究：智能设备、嵌入式系统、感知控制、系统之系统(SoS)	(1) 设立 CPS 研究小组； (2) 启动 ARTEMIS 项目； (3) 发布《CyPhERS CPS 欧洲路线图和战略》
德国	国家战略和理论研究：CPS 特征、CPS 应用、智能设备、信息物理制造系统(CPPS)	(1) 德国工业 4.0 确定以 CPS 为核心； (2) 发布《生活在网络世界——CPS 集成研究计划》； (3) 成立世界第一个已投产的 CPPS 实验室
中国	标准、技术、应用研究：聚焦参考架构、核心技术、标准需求以及应用案例等的研究	(1) 信息物理系统发展论坛； (2) CPS 共性关键技术测试验证平台建设与应用推广等项目

1. 美国

2006年2月,美国国家科学院发布《美国竞争力计划》,明确将CPS列为重要的研究项目;2006年末,美国国家科学基金会召开了世界上第一个关于CPS的研讨会并将CPS列入重点科研领域,开始进行资金资助;2007年7月,美国总统科学技术顾问委员会(PCAST)在题为"挑战下的领先——全球竞争世界中的信息技术研发"的报告中列出了8大关键的信息技术,其中CPS列首位,其余分别是软件,数据、数据存储与数据流,网络,高端计算,网络与信息安全,人机界面,社会科学;2008年3月美国CPS研究指导小组(CPS Steering Group)发布了《信息物理系统概要》,把CPS应用于交通、农业、医疗、能源、国防等方面。

2014年6月,美国国家标准与技术研究院(NIST)汇集相关领域专家,组建成立了CPS公共工作组(CPS PWG),联合企业共同开展CPS关键问题的研究,推动CPS在多个智能应用领域的应用。2015年,NIST工程实验室智能电网项目组发布CPS测试平台(Testbed)设计概念,收集全球范围内的CPS测试平台清单,正在建立CPS测试平台组成和交互性的公共工作组。2016年5月,NIST正式发表了《信息物理系统框架》,提出了CPS的两层域架构模型,在业界引起极大关注。

截至2016年,美国国家科学基金会投入了超过3亿美元来支持CPS基础性研究。在学术界,IEEE及ACM等组织从2008年开始,每年都举办CPS Week等学术活动。CPS Week组织了国际上关于CPS的五个主要会议——HSCC、ICCPS、IoTDI、IPSN和RTAS,以及涉及CPS各方面研究的研讨会和专题报告。

美国利用国际产业链优势,在CPS标准、学术研究和工业应用方面处于领先地位,我国亟须在标准研究和应用领域深入研究,追赶世界先进水平。

2. 德国

德国作为传统的制造强国,也一直关注CPS的发展。2009年,德国发布《国家嵌入式系统技术路线图》,提出发展本地嵌入式系统网络的建议,明确提出CPS将是德国继续领先未来制造业的技术基础。2013年4月,在汉诺威工业博览会上德国正式推出"工业4.0"。《德国工业4.0战略计划实施建议》提出:建设一个平台,即"全新的基于服务和实时保障的CPS平台"。2015年3月,德国国家工程院(acatech)发布了《网络世界的生活》,对CPS的能力、潜力进行了分析,提出了CPS在技术、商业和政策方面面临的挑战和机遇。依托德国人工智能研究中心(DFKI),德国开展了CPS试验工作,建成了世界上第一个已投产的CPPS(cyber-physical production systems)实验室。

德国借助其制造强国优势,突出CPS在制造业和嵌入式领域的应用,我国在实施制造强国战略过程中，需要重点关注CPS对制造业发展的促进作用。

3. 欧盟

欧盟在CPS方面也做了很多工作。CPS研究作为欧盟公布的“单一数字市场”战略的一部分，得到欧盟的大力支持，欧盟通信网络、内容和技术局单独设立CPS研究小组；欧盟在2007年启动了ARTEMIS(advanced research and technology for embedded intelligence and systems)等项目，计划投入超过70亿美元到CPS相关方面的研究中，并将CPS作为智能系统的一个重要发展方向。2015年7月，欧盟发布《CyPhERS CPS欧洲路线图和战略》，强调了CPS的战略意义和主要应用的关键领域。

欧盟发挥国家间组织优势，重点关注CPS的战略分析和理论研究，我国也要加强同世界其他国家和组织的沟通交流，促进CPS理论和应用的发展。

4. 日本和韩国

在日、韩等国，CPS从2008年左右开始备受关注。韩国科技院等高等教育机构和科研院所尝试开展了有关CPS的课程，从自动化研究与发展的角度，关注计算设备、通信网络与嵌入式对象的集成跨平台研究。在日本，以东京大学和东京科技大学为首，对CPS技术在智能医疗器件以及机器人开发等方面的应用投入了极大的科研力量。

日、韩紧跟CPS的技术研发和应用，对我国的CPS发展既有推动作用，也有挑战，我国需要加大CPS领域的研究投入。

2.2 信息物理系统的国内研究现状

在CPS明确提出之前，我国已经开展了类似的研究，这些研究与政府在工业领域的政策紧密联系在一起。2016年，我国政府提出了深化制造业与互联网融合发展的要求，其中在强化融合发展基础支撑中对CPS未来发展做出进一步要求。政策的延续和支持使得我国CPS发展驶入快车道。

高校和科研单位也纷纷进行CPS技术的研究和应用。2010年，科学技术部启动了863计划“面向信息-物理融合的系统平台”等项目。2012年，浙江大学、清华大学、上海交通大学联合成立赛博(Cyber)协同创新中心，开展工业信息物理融合系统(iCPS)的基础理论和关键技术的前沿研究。2016年3月，中山大学成立信息物理系统研究所，致力于CPS核心技术和特色应用研究。2016年9月，中国电子技术标准化研究院(工业和信息化部电子工业标准化研究院)联合国内百余家企事业单位发起成立信息物理系统发展论坛，共同研究CPS发展战略、技术和标准，开展试点示范，推广优秀的技术、产品和系统解决方案等。此外，在工业和信息化部的支持下，中国电子技术标准化研究院开展了CPS共性关键技术测试验证平台建设与应用推广等项目的研究。

在CPS应用实践方面，国内也进行了较多有益探索。2013年，中船集团与美国NSF-IMS中心联合成立海洋智能技术中心(OITC)，开展CPS技术在工业领域的应用研究。该中心研制的CPS智能信息平台和智能船舶运行与维护系统(SOMS)作为国产智能船舶的两大核心系统，广泛应用于散货船、集装箱船和VLCC船。广东工业大学在2015年5月建立了广东省信息物理融合系统重点实验室，2016年6月建立了智能制造信息物理融合系统集成技术国家地方联合工程研究中心，初步构建了智能制造信息物理融合系统集成应用体系架构，并在船舶制造、汽车零配件制造等领域开展集成应用示范工作。西安电子科技大学于2015年5月成立了智能制造与工业大数据研究中心，承担了国家发改委大数据专项中的盾构施工CPS系统项目、工信部第一批工业软件专项生产信息物理系统项目，与中国航空油料集团有限公司共同开展了基于数字孪生的智能航油储运加注产线信息物理系统关键技术研究，开展了精密铸造智能工厂CPS系统国家项目。

第2篇　信息物理系统之认识篇

第3章　信息物理系统的初步认识

3.1　信息物理系统与工业4.0

国际金融危机过后，在欧洲地区，德国经济率先回暖，其中制造业出口为经济增长做出了2/3的贡献，是其经济回暖的主要驱动力。一直以来，德国都非常注重发展制造业，注重对工业科技产品进行创新，对复杂的工业过程进行管理。2010年，德国推出了《高技术战略2020》，开始聚焦未来科技与全球竞争，将“工业4.0”纳入十大未来项目之中。2013年，德国联邦教育与研究部联合联邦经济技术部发布了一个关于“工业4.0”战略如何推行的文件，该文件在德国学术界与产业界引起了极大的震动，“工业4.0”战略也因此升级为国家级战略。在“工业4.0”战略中，智能工厂成为未来的发展方向。智能工厂建立在信息物理系统的基础上，能利用社交网络实现人机互动，将颠覆传统工厂模式下人与机械之间操控与被操控的关系，使其得以重塑。

以信息物理系统为基础，智能工厂生产出来的智能产品能实时生成数据，形成大数据系统。通过对大数据进行实时分析、整理，能形成智慧数据，通过对智慧数据进行可视化、互动式加工，可将产品与工艺流程的实时优化方案反馈到智能工厂，形成一个闭环，推动生产系统朝智能化方向发展。要想将这些设想变成现实，就要加强互联网基础设施的建设与应用，比如云技术等。

3.2　信息物理系统与工业互联网

工业互联网是新一代信息通信技术与现代工业技术深度融合的产物，是制造业数字化、网络化、智能化的重要载体，也是全球新一轮产业竞争的制高点。党的十九大报告指出：“加快建设制造强国，加快发展先进制造业，推动互联网、大数据、人工智能和实体经济深度融合。”2017年11月27日，国务院印发《国务院关于深化“互联网+先进制造业”发展工业互联网的指导意见》，以促进实体经济振兴，加快转型升级。工业互联网通过构建连接机器、物料、人、信息系统的基础网络，实现工业数据的全面感知、动态传输、实时分析，形成科学决策与智能控制，提高制造资源配置效率，正成为领军企业竞争的新赛道、全球产业布局的新方向、制造大国竞争的新焦点。作为工业互联网三大要素，工业互联网平台是工业全要素链接的枢纽，是工业资源配置的核心，对振兴我国实体经济、推动制造业向中高端迈进具有重要意义。

工业互联网平台是面向制造业数字化、网络化、智能化需求，构建基于海量数据采集、汇聚、分析的服务体系，支撑制造资源泛在连接、弹性供给、高效配置的工业云平台。其本质是通过构建精准、实时、高效的数据采集互联体系，建立面向工业大数据存储、集成、访问、分析、管理的开发环境，来实现工业技术、经验、知识的模型化、标准化、软件化、复用化，不断提升研发设计、生产制造、运营管理等资源配置效率，形成资源富集、多方参与、合作共赢、协同演进的制造业新生态。关于工业互联网平台有四个定位：

第一，工业互联网平台是传统工业云平台的迭代升级。从工业云平台到工业互联网平台的演进包括成本驱动导向、集成应用导向、能力交易导向、创新引领导向、生态构建导向五个阶段，工业互联网平台在传统工业云平台的软件工具共享、业务系统集成的基础上，叠加了制造能力开放、知识经验复用与开发者集聚的功能，大幅提升了工业知识生产、传播、利用效率，形成了海量开放APP应用与工业用户之间相互促进、双向迭代的生态体系。

第二，工业互联网平台是新工业体系的“操作系统”。工业互联网的兴起与发展将打破原有封闭、隔离又固化的工业系统，而扁平、灵活且高效的组织架构将成为新工业体系的基本形态。工业互联网平台依托高效的设备集成模块、强大的数据处理引擎、开放的开发环境工具、组件化的工业知识微服务，向下对接海量工业装备、仪器、产品，向上支撑工业智能化应用的快速开发与部署，发挥着类似微软Windows、谷歌Android系统和苹果iOS系统的重要作用，支撑构建基于软件定义的高度灵活与智能的工业体系。

第三，工业互联网平台是资源集聚共享的有效载体。工业互联网平台将信息流、资金流、人才创意、制造工具和制造能力在云端汇聚，将工业企业、信息通信企业、互联网企业、第三方开发者等主体在云端集聚，将数据科学、工业科学、管理科学、信息科学、计算机科学在云端融合，推动资源、主体、知识集聚共享，形成社会化的协同生产方式和组织模式。

第四，工业互联网平台是打造制造企业竞争新优势的关键抓手。当前，通用电气公司、西门子公司等国际领军企业围绕“智能机器＋云平台＋工业 APP”功能架构，整合“平台提供商＋应用开发者＋海量用户”等生态资源，抢占工业数据入口主导权，培育海量开发者，提升用户黏性，不断建立、巩固和强化以平台为载体、以数据为驱动的工业智能化新优势，抢占新工业革命的制高点。

说得形象一点，工业互联网平台是两化融合的“三明治”版。第一，底层是由信息技术企业主导建设的云基础设施 IaaS(基础设施即服务)层，在这一领域，我国与发达国家处在同一起跑线，阿里、腾讯、华为等的云计算基础设施已达到国际先进水平。第二，中间层是由工业企业主导建设的工业 PaaS(平台即服务)层，其核心是将工业技术、知识、经验、模型等工业原理封装成微服务功能模块，供工业 APP 开发者调用，因此工业 PaaS 的建设者多为了解行业情况的工业企业，如通用电气公司、西门子公司、PTC 公司(美国参数技术公司)以及我国的航天科工集团、三一重工、海尔集团等。它们均基于通用 PaaS 进行二次开发，支持容器技术、新型 API 技术、大数据及机器学习技术，构建灵活开放与高性能分析的工业 PaaS 产品。第三，最上层是由互联网企业、工业企业、众多开发者等多方主体参与应用开发的工业 APP 层，其核心是面向特定行业、特定场景开发在线监测、运营优化和预测性维护等具体应用服务。

对于工业互联网平台，可以用三句话来概括：

第一句，数据采集是基础。其本质是利用泛在感知技术对多源设备、异构系统、运营环境、人等要素的信息进行实时高效采集和云端汇聚。当前数据采集面临的突出问题是：由于传感器部署不足、装备智能化水平低，工业现场存在数据采集数量不足、类型较少、精度不高等问题，无法支撑实时分析、智能优化和科学决策。无论是跨国公司，还是国内平台企业，都把数据采集体系建设和解决方案能力建设作为工业互联网平台建设的基础：一方面通过构建一套能够兼容、转换多种协议的技术产品体系，实现工业数据互联互通互操作；另一方面通过部署边缘计算模块，实现数据在生产现场的轻量级运算和实时分析，缓解数据向云端传输、存储和计算的压力。

第二句，工业 PaaS 是核心。其本质是在现有成熟的 IaaS 平台上构建一个可扩展的操作系统，为工业应用软件开发提供一个基础平台。工业 PaaS 面临的突出问题是：开发工具不足，行业算法和模型库缺失，模块化组件化能力较弱，现有通用 PaaS 平台尚不能完全满足工业级应用的需要。当前，工业 PaaS 建设的总体思路是:通过对通用 PaaS 平台的深度改造,构造满足工业实时、可靠、安全需求的云平台,将大量工业技术原理、行业知识、基础模型规则化、软件化、模块化,并封装为可重复使用和灵活调用的微服务,降低应用程序开发门槛和开发成本,提高开发、测试、部署效率,为海量开发者汇聚、开放社区建设提供支撑和保障。工业 PaaS 是当前领军企业布局的重点,是平台核心能力的集中体现,也是当前生态竞争的焦点。

第三句,工业 APP 是关键。面向特定工业应用场景,激发全社会资源推动工业技术、经验、知识和最佳实践的模型化、软件化、再封装(即工业 APP),用户通过对工业 APP 的调用实现对特定制造资源的优化配置。工业 APP 面临的突出问题是:传统的生产管理软件云化步伐缓慢,专业的工业 APP 应用较少,应用开发者数量有限,商业模式尚未形成。工业 APP 发展的总体思路是:一方面,对传统的 CAx、ERP、MES 等研发设计工具和运营管理软件加快云化改造,基于工业 PaaS 实现云端部署、集成与应用,满足企业分布式管理和远程协作的需要;另一方面,围绕多行业、多领域、多场景的云应用需求,大量开发者通过对工业 PaaS 层微服务的调用、组合、封装和二次开发,形成面向特定行业特定场景的工业 APP。

从全球工业互联网平台发展的总体情况来看,技术体系初步形成,产业生态逐渐成熟,应用场景日趋丰富。在技术体系方面,数据集成和边缘处理技术、IaaS 技术、平台通用使能技术、工业数据建模和分析技术、工业大数据计算技术、应用开发和微服务技术、平台安全技术共同构成了工业互联网平台的技术体系,边缘数据集成处理、通用平台二次开发、工业机理与大数据融合、微服务组件调用是当前工业互联网平台构建的主要方式。在产业生态方面,五大支撑、四大主体、两类用户共同构成了工业互联网平台的产业体系,工业企业、信息技术企业、垂直领域企业、软件企业、互联网企业结合自身优势从不同路径开展平台产业布局,基于平台提供开发环境、工业知识积累、微服务组件、大数据分析引擎,成为跨界企业与第三方开发者共同构建平台产业生态的关键支撑。在应用场景方面,工业现场的生产过程优化、企业管理的运营决策优化、企业间协同的资源配置优化、产品全生命周期的管理服务优化是工业互联网平台的四大典型应用,平台的应用领域正从单个设备、单个工艺、单个企业向全要素、全产业链、全生命周期领域拓展,带动传统产业实现智能化转变。

当前,全球领先企业工业互联网平台正处于规模化扩张的关键期,而我国工业互联网平台建设仍处于起步阶段,发展基础和能力薄弱,跨行业、跨领域的综合性平台尚未形成,面向特定行业特定领域的企业级平台影响力不强,亟须加强统筹协调，充分发挥政府、企业、研究机构等各方合力，把握全球工业互联网平台市场格局、技术标准未定的战略窗口期，抢占基于工业互联网平台的制造业生态发展主动权和话语权，打造新型工业体系，加快形成培育经济增长新动能。下一步，要从供给侧和需求侧两端发力，坚持“建平台”与“用平台”双轮驱动，培育一批跨行业、跨领域的综合能力平台和满足企业数字化、网络化、智能化发展需求的企业级平台，开展工业互联网平台技术验证与测试评估，组织实施百万工业企业上云和百万工业 APP 培育工程。要坚持“补短板”与“建生态”相互协调，实施工业技术软件化工程，促进软件技术与工业技术深度融合，构建工业互联网的产业支撑体系。要坚持“保安全”与“促发展”相互促进，加快形成发展工业互联网的安全保障体系。工业互联网平台是推动制造业与互联网融合发展的重要抓手，基于工业互联网平台的制造业生态正成为产业竞争的“风口”，发展的机遇稍纵即逝，需要在技术研发、标准研制和产业应用等方面尽早部署。

3.3 信息物理系统与智能制造

在 2008 年金融危机之后，为了刺激本国制造业再次发展，美国出台了一系列政策文件，规划了制造业未来的发展路径，展现了美国希望在新一轮科技革命中抢占主导权，以智能制造的发展重塑国家竞争优势的目的。继工业革命与互联网革命之后，通用电气公司提出了“工业互联网革命”。通用电气公司对工业互联网的解释是一个开放的、全球化的网络，能实现人、机器、数据的相互连接。工业互联网倡导借助物联网及被软件定义的设备来对工业领域隐藏的巨大经济效益进行充分挖掘。据通用电气公司预测，借助工业互联网，美国工业的年生产率将提升 1％～1.5％。未来 20 年，美国人的平均收入将因工业互联网提升 25％～40％。在此期间，在工业互联网的作用下，全球 GDP 将增加 10 万亿～15 万亿美元。截至目前，在工业互联网建设方面，通用电气公司推出的工业互联网产品已多达 24 种，可用于铁路机车效率分析、石油天然气平台监测管理，等等。美国较高的劳动力成本一直制约着本国制造业的发展，智能制造能有效地解决这一问题，引导高端制造业回归。从 2009 年至今，美国先后发布了多项政策文件，比如《制造业促进法案》《重振美国制造业框架》等，这些政策文件均明确表示，要降低制造成本，拉动就业，实现能源独立，打造企业总部基地。美国将下一代机器人视作其在智能制造产业布局的重点领域，工业机器人的普及应用弥补了美国劳动力成本高的短板，缓解了其对制造业发展的限制，成功地重塑了制造业的竞争优势。

3.4 信息物理系统的基本特征

CPS作为支撑两化深度融合的一套综合技术体系,构建了一个能够联通物理空间与信息空间,驱动数据在其中自动流动,实现对资源优化配置的智能系统。这套系统的灵魂是数据,在系统的有机运行过程中,通过数据自动流动对物理空间中的物理实体逐渐"赋能",实现对特定目标的资源优化。CPS表现出六大典型特征,总结为数据驱动、软件定义、泛在连接、虚实映射、异构集成、系统自治。理解CPS的特征不能从单一方面、单一层次来看,要结合CPS的层次分析。CPS在不同的层次上呈现出不同的特征。

1. 数据驱动

数据普遍存在于工业生产的方方面面,其中大量的数据是隐性存在的,没有被充分利用并挖掘出其背后潜在的价值。CPS通过构建"状态感知、实时分析、科学决策、精准执行"的数据自动流动的闭环赋能体系,能够将数据源源不断地从物理空间中的隐性形态转化为信息空间中的显性形态,并不断迭代优化形成知识库。在这一过程中,状态感知的结果是数据;实时分析的对象是数据;科学决策的基础是数据;精准执行的输出还是数据。因此,数据是CPS的灵魂所在,数据在自动生成、自动传输、自动分析、自动执行及迭代优化中不断累积,不断产生更为优化的数据,能够通过质变引起聚变,实现对外部环境的资源优化配置。

2. 软件定义

软件正和芯片、传感与控制设备等一起对传统的网络、存储、设备等进行定义,并正在从IT领域向工业领域延伸。工业软件是对各类工业生产环节规律的代码化,支撑了绝大多数的生产制造过程。对于面向制造业的CPS,软件成为实现CPS功能的核心载体之一。从生产流程的角度来看,CPS会全面应用到研发设计、生产制造、管理服务等方方面面,通过对人、机、物、法、环的全面感知和控制,实现各类资源的优化配置。这一过程需要依靠对工业技术的模块化、代码化、数字化并不断软件化来被广泛利用。从产品装备的角度来看,一些产品和装备本身就是CPS。软件不但可以控制产品和装备运行,而且可以把产品和装备运行的状态实时展现出来,通过分析、优化,作用到产品、装备的运行上,甚至设计环节上,实现迭代优化。

3. 泛在连接

网络通信是CPS的基础保障,能够实现CPS内部单元之间及与其他CPS之间的互联互通。应用到工业生产场景时,CPS对网络连接的时延、可靠性等网络性能和组网灵活性、功耗都有特殊要求，还必须解决异构网络融合、业务支撑的高效性和智能性等问题。随着无线宽带、射频识别、信息传感及网络业务等信息通信技术的发展，网络通信将会更加全面、深入地融合信息空间与物理空间，表现出明显的泛在连接特征，实现在任何时间、任何地点，任何人、任何物都能顺畅通信。构成 CPS 的各器件、模块、单元、企业等实体都要具备泛在连接能力，并实现跨网络、跨行业、异构多技术的融合与协同，以保障数据在系统内的自由流动。泛在连接通过对物理空间状态的实时采集、传输，以及信息空间控制指令的实时反馈和下达，提供无处不在的优化决策和智能服务。

4. 虚实映射

CPS 构筑信息空间与物理空间数据交互的闭环通道，能够实现信息虚体与物理实体之间的交互联动。以对物理实体建模产生的静态模型为基础，通过实时数据采集、数据集成和监控，动态跟踪物理实体的工作状态和工作进展（如采集测量结果、追溯信息等），将物理空间中的物理实体在信息空间中进行全要素重建，形成具有感知、分析、决策、执行能力的数字孪生（也叫作数字化映射、数字镜像、数字双胞胎）。同时借助信息空间对数据的综合分析处理能力，形成对外部复杂环境变化的有效决策，并通过以虚控实的方式作用到物理实体上。在这一过程中，物理实体与信息虚体之间交互联动，虚实映射，共同作用，提升资源优化配置效率。

5. 异构集成

软件、硬件、网络、工业云等一系列技术的有机组合构建了一个信息空间与物理空间之间数据自动流动的闭环赋能体系。尤其在高层次的 CPS，如 SoS 级 CPS 中，往往会存在大量不同类型的硬件、软件、数据、网络。CPS 能够将这些异构硬件（如 CISC CPU、RISC CPU、FPGA 等）、异构软件（如 PLM 软件、MES 软件、PDM 软件、SCM 软件等）、异构数据（如模拟量、数字量、开关量、音频、视频、特定格式文件等）及异构网络（如现场总线、工业以太网等）集成起来，实现数据在信息空间与物理空间不同环节的自动流动，实现信息技术与工业技术的深度融合，因此，CPS 必定是一个多方异构环节集成的综合体。异构集成能够为各个环节的深度融合打通交互的通道，为实现融合提供重要保障。

6. 系统自治

CPS 能够根据感知到的环境变化信息，在信息空间进行处理和分析，自适应地对外部变化做出有效响应。同时在更高层级的 CPS（即系统级、SoS 级）中，多个 CPS 之间通过网络平台（如 CPS 总线、智能服务平台）互联，实现 CPS 之间的自组织。多个单元级 CPS 统一调度，编组协作，在生产与设备运行、原材料配送、订单变化之间自组织、自配置、自优化，实现生产运行效率的提升、订单需求的快速响应等;多个系统级 CPS 通过统一的智能服务平台连接在一起,在企业级层面实现生产运营能力调配、企业经营高效管理、供应链变化响应等更大范围的系统自治。在自优化、自配置的过程中,大量现场运行数据及控制参数被固化在系统中,形成知识库、模型库、资源库,使得系统能够不断自我演进与学习提升,提高应对复杂环境变化的能力。

第4章　信息物理系统的深入认识

4.1　信息物理系统与数字孪生

“孪生”的概念起源于美国国家航空航天局的“阿波罗”计划，即构建两个相同的航天飞行器，其中一个发射到太空执行任务，另一个留在地球上用于反映太空中航天器在任务期间的工作状态，从而辅助工程师分析处理太空中出现的紧急事件。当然，这里的两个航天器都是真实存在的物理实体。

2003年前后，关于数字孪生(digital twin)的设想首次出现于Grieves教授在美国密歇根大学的产品全生命周期管理课程上。但是，当时“digital twin”一词还没有被正式提出，Grieves将这一设想称为“conceptual ideal for PLM(product lifecycle management)”。尽管如此，在该设想中，数字孪生的基本思想已经有所体现，即在虚拟空间构建的数字模型与物理实体交互映射，忠实地描述物理实体全生命周期的运行轨迹。

直到2010年，“digital twin”一词在美国国家航空航天局的技术报告中被正式提出，并被定义为“集成了多物理量、多尺度、多概率的系统或飞行器仿真过程”。2011年，美国空军探索了数字孪生在飞行器健康管理中的应用，并详细探讨了实施数字孪生的技术挑战。2012年，美国国家航空航天局与美国空军联合发表了关于数字孪生的论文，指出数字孪生是驱动未来飞行器发展的关键技术之一。在接下来的几年中，越来越多的研究将数字孪生应用于航空航天领域，包括机身设计与维修、飞行器能力评估、飞行器故障预测等。

近年来，数字孪生得到越来越广泛的传播。同时，得益于物联网、大数据、云计算、人工智能等新一代信息技术的发展，数字孪生的实施已逐渐成为可能。现阶段，除了航空航天领域，数字孪生还被应用于电力、船舶、城市管理、农业、建筑、制造、石油天然气、健康医疗、环境保护等行业。特别是在智能制造领域，数字孪生被认为是一种实现制造信息世界与物理世界交互融合的有效手段。许多著名企业(如空客、洛克希德·马丁、西门子等)与组织(如高德纳(Gartner)、德勤、中国科学技术协会智能制造学会联合体)对数字孪生给予了高度重视，并且开始探索基于数字孪生的智能生产新模式。

数字孪生与CPS都是利用数字化手段构建系统为现实服务的。其中,CPS属于系统实现,而数字孪生则侧重于模型的构建等技术实现。CPS通过集成先进的感知、计算、通信和控制等信息技术和自动控制技术,构建物理空间与虚拟空间中人、机、物、环境和信息等要素相互映射、适时交互、高效协同的复杂系统,实现系统内资源配置和运行的按需响应、快速迭代和动态优化 。相比于综合了计算、网络、物理环境的多维复杂系统CPS,数字孪生是建设CPS系统的使能技术基础,是CPS具体的物化体现。数字孪生的应用既有产品,也有产线、工厂和车间,直接对应CPS所面对的产品、装备和系统等对象。数字孪生在创立之初就明确以数据、模型为主要元素构建基于模型的系统工程,更适合采用人工智能或大数据等新的计算技术进行数据处理任务。

4.2 信息物理系统与工业大数据

工业大数据分析技术将给全球工业带来深刻的变革,创新企业的研发、生产、运营、营销和管理方式,给企业带来更快的速度、更高的效率和更深远的洞察力。工业大数据的典型应用包括产品创新、产品故障诊断与预测、工业企业供应链优化和产品精准营销等诸多方面。

工业云和智能服务平台所支持的CPS,可以通过大数据分析来实现上述创新。例如,有效地分析产品大数据,通过系统地收集研发数据和分析建模,以新的算法来优化、控制和稳定产品研发质量,以此来实现产品创新;有效地分析高频、海量的运维大数据,确定产品的工作状态,发现零部件更换与维护的规律,由事后发现问题、解决问题转变为事先避免问题,以此来实现产品故障诊断与预测式运维服务;对来自社交网络的商业大数据进行分析,从数据中观察人们复杂的社会行为模式,通过数据挖掘,找到用户的产品使用习惯、喜好和实际需求,以调整优化产品,为客户提供满意度更高的产品与服务,以此来实现产品精准营销。

4.3 信息物理系统与工业人工智能

1. 三类主体提供算力算法支持,是信息物理系统的重要支撑

三类主体现阶段提供通用关键技术能力,以“被集成”的方式为工业智能提供基础支撑。这三类主体如下:

(1) ICT企业,它们提供几乎涵盖知识图谱、深度学习的所有通用技术研究与工程化支持,如谷歌、阿里等在知识图谱算法研究领域进行了研究;英伟达、

AMD、英特尔、亚马逊、微软、赛灵思、莱迪思、美高森美等进行了 GPU、FPGA 等深度学习芯片研发；微软、Facebook、英特尔、谷歌、亚马逊等开展了深度学习编译器研发；谷歌、亚马逊、微软、Facebook、苹果、Skymind、腾讯、百度等开展了深度学习框架研究；谷歌、微软等开展了可解释性、前沿理论算法研究。

(2) 研究机构，它们主要进行算法方面的理论研究，如加利福尼亚大学、华盛顿州立大学、马克斯-普朗克研究所、卡内基梅隆大学、蒙彼利埃大学、清华大学、中国科学院、浙江大学等在知识图谱算法研究领域开展了研究；蒙特利尔大学、加利福尼亚大学伯克利分校等开展了深度学习框架研究；斯坦福大学、麻省理工学院、以色列理工学院、清华大学、南京大学、中国科学院自动化研究所等开展了深度学习可解释性与相关前沿理论算法研究。

(3) 行业协会，它们提供相关标准或通用技术支持，如 OMG 对象管理组织进行了统一建模语言等企业集成标准的制定，为知识图谱的工业化落地奠定了基础；Khronos Group 开展了深度学习编译器研发。

2. 应用主体面向实际业务领域发挥应用创新作用

各类主体以集成创新为主要模式，面向实际业务领域，整合各产业和技术要素实现工业智能创新应用，该类主体是工业智能产业的核心。目前应用主体主要包括四类：

(1) 装备/自动化、软件企业及制造企业等传统企业，面向自身业务领域或需求痛点，通过引入人工智能实现产品性能提升，如西门子、新松、ABB、KUKA、Autodesk、富士康等。

(2) ICT 企业，依靠人工智能技术积累与优势，将已有业务向工业领域拓展，如康耐视、海康威视、大恒集团、基恩士、微软、KONUX、IBM、阿里云等。

(3) 初创企业，凭借技术优势为细分领域提供解决方案，如 Landing AI、创新奇智、旷视科技、特斯联、Element AI、天泽智云、奕芯科技、Predikto、FogHorn 等。

(4) 研究机构，依托理论研究优势开展前沿技术的应用探索，如马萨诸塞大学、加利福尼亚大学伯克利分校等在设备自执行领域开展了相应探索。

4.4　信息物理系统的高级特征

《信息物理系统白皮书(2017)》给出了信息物理系统的定义：CPS 通过集成先进的感知、计算、通信、控制等信息技术和自动控制技术，构建了物理空间与信息空间中人、机、物、环境、信息等要素相互映射、适时交互、高效协同的复杂系统，实现了系统内资源配置和运行的按需响应、快速迭代、动态优化。基于硬件、软件、网络、工业云等构建的智能复杂系统依托数据(隐性数据、显性数据、信息、知识)的自动流动,为物理空间实体“赋予”一定范围内的资源优化“能力”。因此,信息物理系统的本质就是构建一套信息空间与物理空间之间基于数据自动流动的状态感知、实时分析、科学决策、精准执行的闭环赋能体系,提高资源配置效率,实现资源优化,如图 4-1 所示。从逻辑内涵角度来看,无论是制造业数字化转型,还是工业互联网、两化融合,其本质都是在信息空间和物理空间之间构建一套闭环赋能体系,而构建这套闭环赋能体系的技术体系就是 CPS。

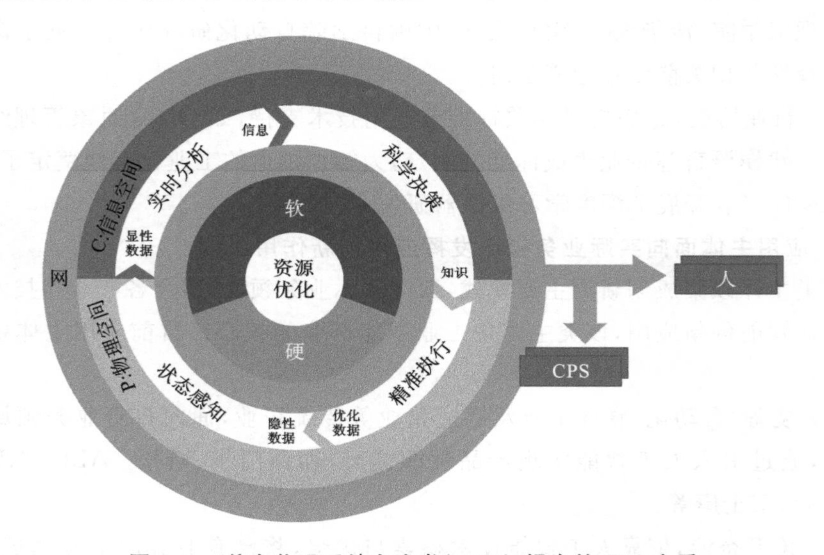

图 4-1 《信息物理系统白皮书(2017)》提出的 CPS 本质

随着 CPS 应用落地开花,我们对 CPS 的认识也从理论框架转向应用价值。在对基于数据自动流动的闭环赋能体系认识的基础上,我们认为 CPS 是数据价值提升与业务流程再造的规则体系。CPS 将物理空间“研发设计—生产制造—运营管理—产品服务”等各业务环节以及设备、产线、产品和人等物理实体,在信息空间相对应地构建起数字孪生设计、数字孪生工艺、数字孪生流程、数字孪生产线、数字孪生产品等,实现产品全生命周期流程在信息空间的数字孪生重构,并通过数字主线,实现各数字孪生体之间的数据贯通;通过“数据+模型”即数据到信息到知识到策略的转化,创建新的服务模式并执行,由此构建起数据价值提升与业务流程再造的规则体系。这套规则体系具体来说包括业务数据化、知识模型化、数据业务化、服务可执行,即实现业务—(数据化)—产生数据—(模型化)—高价值数据—(业务化)—反哺业务的逻辑闭环,如图 4-2 所示。

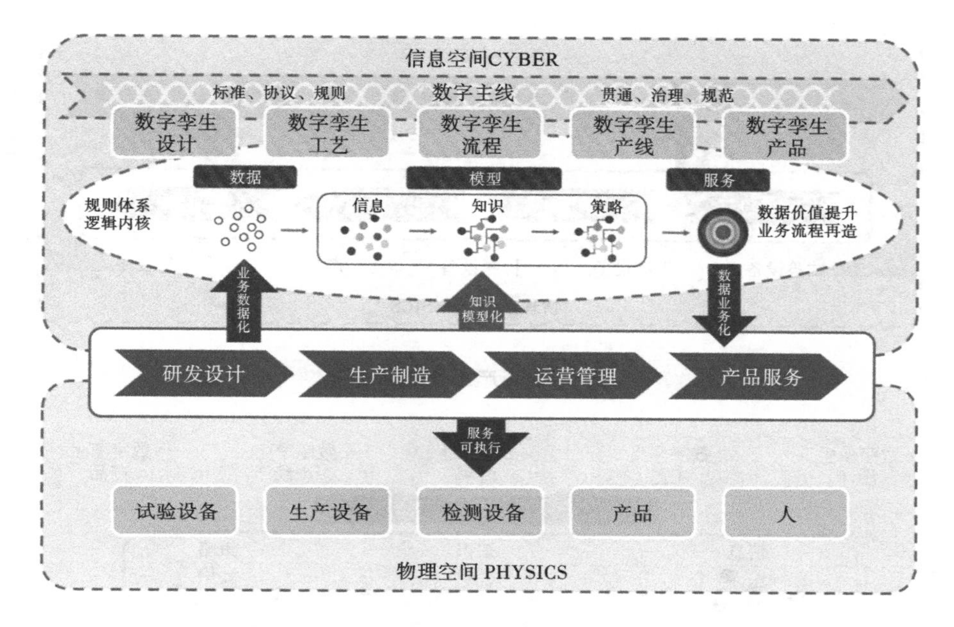

图 4-2　CPS 的数据价值提升与业务流程再造的规则体系

1. 数据:业务数据化,实现隐性数据显性化

CPS 通过集成先进感知、计算、通信等技术,将“研发设计—生产制造—运营管理—产品服务”等各业务环节及制造资产中背后蕴含的隐性数据在信息空间不断显性化,使得数据“可见”,实现业务流程的数据化。业务数据化是构建信息物理系统的基础,将“一切业务数据化”是实现在信息空间对业务全流程进行重构和优化的前提。业务数据化可分为资产数字化、流程数字化,即推动工业设备上云和业务系统上云,在信息空间构建与物理空间相对应的全流程业务逻辑及设备资产,如图 4-3 所示。

2. 模型:知识模型化,实现隐性知识显性化

认识、规律是人类在物理世界不断试错过程中积累的经验的固化,长期以来,这些规律、经验、认识以物理形态(竹简、书籍、专利、论文)或意识形态(洞察力、经验、智慧)存在。数字化模型是这些规则、逻辑、知识的数字化体现,将各类经验、知识、方法不断模型化、数字化并沉淀在云端,可以实现将杂乱无章的数据提炼成可理解的信息,转化为相互关联的知识,寻找到实现目标的策略路径。模型可分为机理模型(模型驱动)和大数据分析模型(数据驱动),是数据价值增值的“培养皿”,也是构建数字孪生的核心。模型嵌入数字孪生体中,可实现物理世界与信息世界间的相互映射、高效协同,如图 4-4 所示。

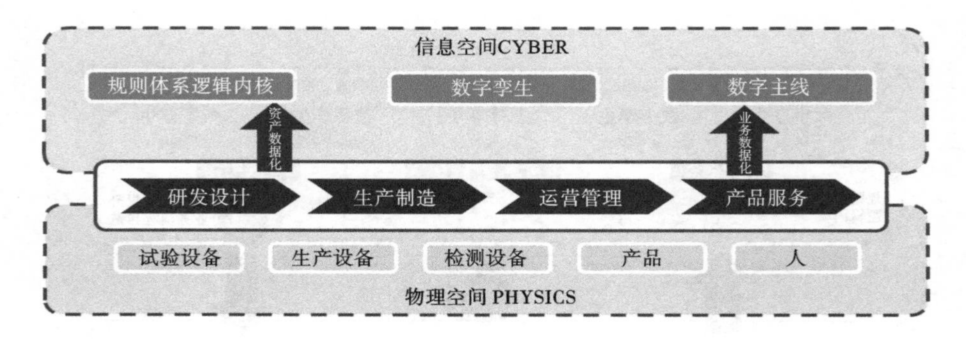

图 4-3　资产业务数据化

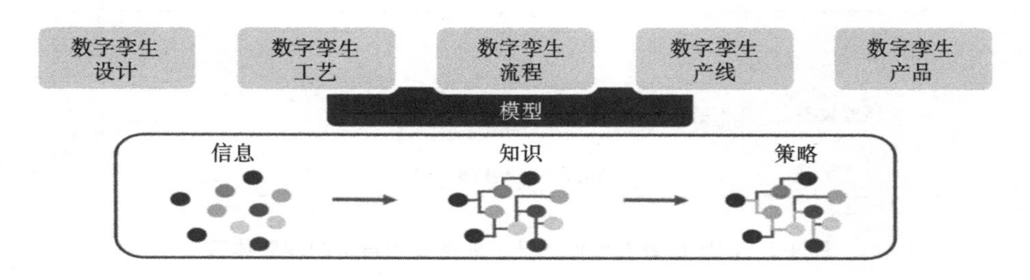

图 4-4　模型为数据价值增值

3. 服务:数据业务化,实现隐性价值显性化

CPS是数据价值提升与业务流程再造的规则体系,这套规则体系的逻辑内核为基于模型(机理模型、大数据分析模型)的数据增值服务,简单地说就是"数据+模型=服务",如图4-5所示。基于"数据+模型"的核心逻辑,一方面可实现"数据—信息—知识—策略"的价值提升,另一方面各类业务环节数据的统一汇聚、调用,打破了传统业务线性化流程的制式枷锁,实现了业务流程的重构与再造。在把海量数据加入数字化模型,并进行反复分析、学习、迭代之后,可以实现"描述物理世界发生了什么,诊断为什么会发生,预测下一步会怎么样,决策该怎么办"等高价值服务。将这种高价值服务以工业APP等新型载体的形式呈现出来并反哺到业务流程中,把蕴含在大量数据中的隐性价值不断显性化,即实现数据业务化,一方

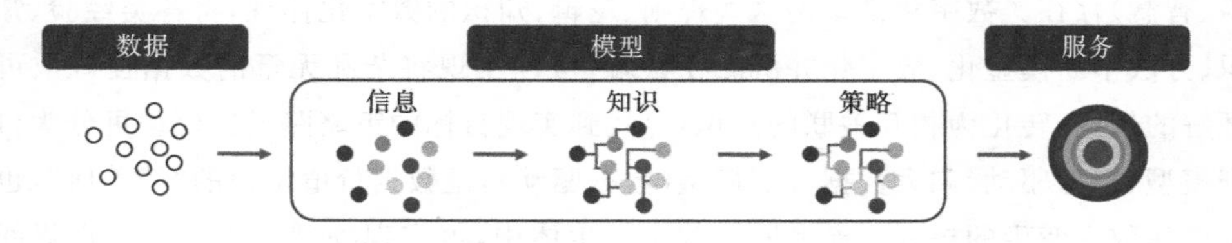

图 4-5　规则体系的逻辑内核

面能够优化现有业务流程及业务体系，另一方面能够拓展业务空间，带来新的经济增长点。

4. 执行：服务可执行，实现显性价值的落地

业务数据化实现了生产全流程环节隐性数据在信息空间的显性化；知识模型化将物理空间各类经验、规律、方法等隐性知识以数字化模型的形式在信息空间不断显性化；通过“数据＋模型”带来的数据增值服务，数据业务化将蕴含在大量数据中的隐性价值不断显性化。基于“业务数据化—知识模型化—数据业务化”，实现了业务—（数据化）—产生数据—（模型化）—高价值数据—（业务化）—反哺业务的逻辑闭环。而服务价值的落地应用必须要与物理空间的物理实体相结合，符合物理空间的运行规律和逻辑，确保服务可执行。

第3篇 信息物理系统之架构篇

第5章 信息物理系统的体系架构

5.1 信息物理系统的单元级

单元级 CPS 是具有不可分割性的 CPS 最小单元，其本质是通过软件对物理实体及环境进行状态感知、计算分析，并最终控制物理实体，构建最基本的数据自动流动的闭环，实现物理世界和信息世界的融合交互。同时，为了与外界进行交互，单元级 CPS 应具有通信功能。单元级 CPS 是具备可感知、可计算、可交互、可延展、自决策功能的 CPS 最小单元，一个智能部件、一个工业机器人或一个智能机床都可能是一个 CPS 最小单元，其体系架构如图 5-1 所示。

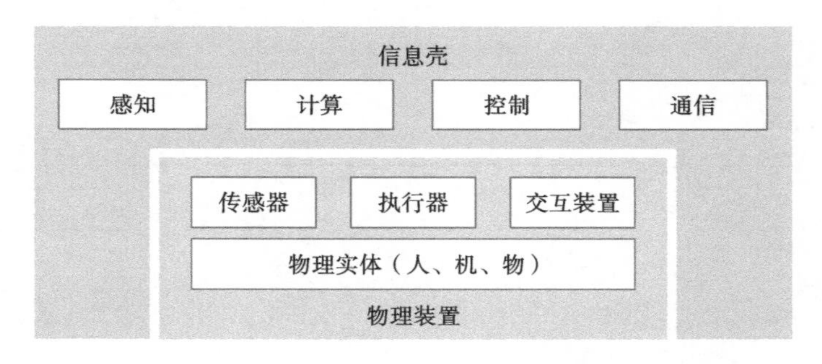

图 5-1 单元级 CPS 体系架构

1. 物理装置

物理装置主要包括人、机、物等物理实体和传感器、执行器、与外界进行交互的装置等，是物理过程的实际操作部分。物理装置能够通过传感器监测、感知外界的信号、物理条件（如光、热）或化学组成（如烟雾）等，同时能够由执行器接收控制指令并对物理实体施加控制作用。

2. 信息壳

信息壳主要具有感知、计算、控制和通信等功能，是物理世界中物理装置与信息世界进行交互的接口。物理装置通过信息壳实现物理实体的“数字化”，信息世界可以通过信息壳对物理实体实现“以虚控实”。信息壳是物理装置对外进行信息交互的桥梁，通过信息壳可以使物理装置与信息世界联系在一起，实现物理空间和信息空间的融合。

5.2　信息物理系统的系统级

在实际运行中，任何活动都是由多个人、机、物共同参与完成的，例如在制造业中，实际生产过程中冲压工序可能是由传送带进行传送，工业机器人进行调整，然后由冲压机床进行冲压完成的，是多个智能产品共同活动的结果，这些智能产品形成了一个系统。通过 CPS 总线形成的系统级 CPS 体系架构如图 5-2 所示。

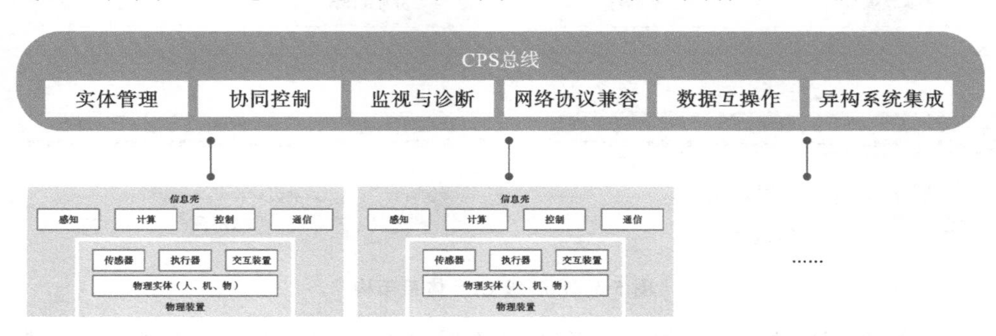

图 5-2　系统级 CPS 体系架构

多个最小单元（单元级）通过工业网络（如工业现场总线、工业以太网等）互联，实现了更大范围、更宽领域的数据自动流动，实现了多个单元级 CPS 的互联、互通和互操作，进一步提高了制造资源优化配置的广度、深度和精度。系统级 CPS 基于多个单元级 CPS 的状态感知、信息交互、实时分析，实现了局部制造资源的自组织、自配置、自决策、自优化。在单元级 CPS 功能的基础上，系统级 CPS 还具有互联互通、即插即用、边缘网关、数据互操作、协同控制、监视与诊断等功能。其中，互联互通、边缘网关和数据互操作主要实现单元级 CPS 的异构集成；即插即用主要在系统级 CPS 实现组件管理，包括组件（单元级 CPS）的识别、配置、更新和删除等功能；协同控制是指对多个单元级 CPS 的联动和协同控制等；监视与诊断主要是指对单元级 CPS 的状态进行实时监控并判断其是否具备应有的能力。

5.3　信息物理系统的系统之系统级

多个系统级 CPS 的有机组合构成了 SoS 级 CPS。例如多个工序(系统级 CPS)形成一个车间级的 CPS,或者形成整个工厂的 CPS。由单元级 CPS 和系统级 CPS 混合形成的 SoS 级 CPS 体系架构如图 5-3 所示。

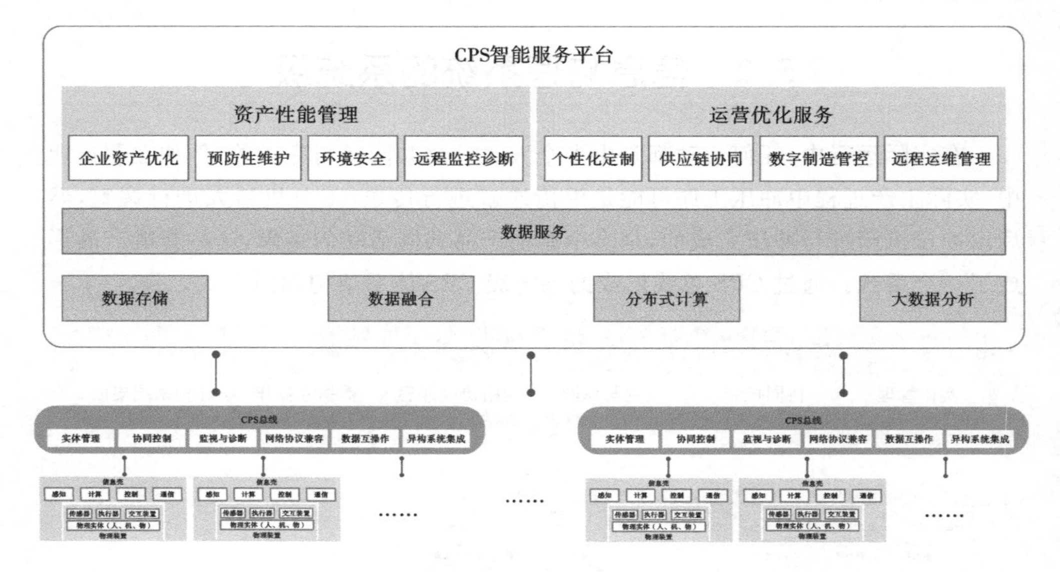

图 5-3　SoS 级 CPS 体系架构

SoS 级 CPS 主要实现数据的汇聚,从而对内进行资产的优化,对外形成运营优化服务。其主要功能包括数据存储、数据融合、分布式计算、大数据分析、数据服务,并在数据服务的基础上形成资产性能管理和运营优化服务。

SoS 级 CPS 可以通过大数据平台,实现跨系统、跨平台的互联、互通和互操作,促成多源异构数据的集成、交换和共享的闭环自动流动,在全局范围内实现信息全面感知、深度分析、科学决策和精准执行。这些数据部分存储在 CPS 智能服务平台,部分分散在组成的各组件内。对这些数据进行统一管理和融合,并能够对这些数据进行分布式计算和大数据分析,是这些数据能够提供数据服务、有效支撑高级应用的基础。资产性能管理主要包括企业资产优化、预防性维护、工厂资产管理、环境安全和远程监控诊断等方面。运营优化服务主要包括个性化定制、供应链协同、数字制造管控和远程运维管理。通过智能服务平台的数据服务,能够对 CPS 内的每一个组成部分进行操控,获取各组成部分状态数据,对多个组成部分协同进行优化,达到资产和资源的优化配置和运行。

第6章　信息物理系统的建设架构

6.1　信息物理系统的价值图谱

不同行业、不同业务特点、不同业务环节的CPS应用为企业带来的价值各不相同。本节参考《信息物理系统(CPS)典型应用案例集》(以下简称《案例集》),并对不同行业、不同业务企业的CPS应用情况进行调研,梳理出CPS在资产、业务、服务三个维度的价值场景,围绕企业目标建设满足当前阶段价值的CPS,最终实现成本下降、质量提高、效率提升、资源配置间的协同。图6-1所示为CPS在制造领域的价值图谱。

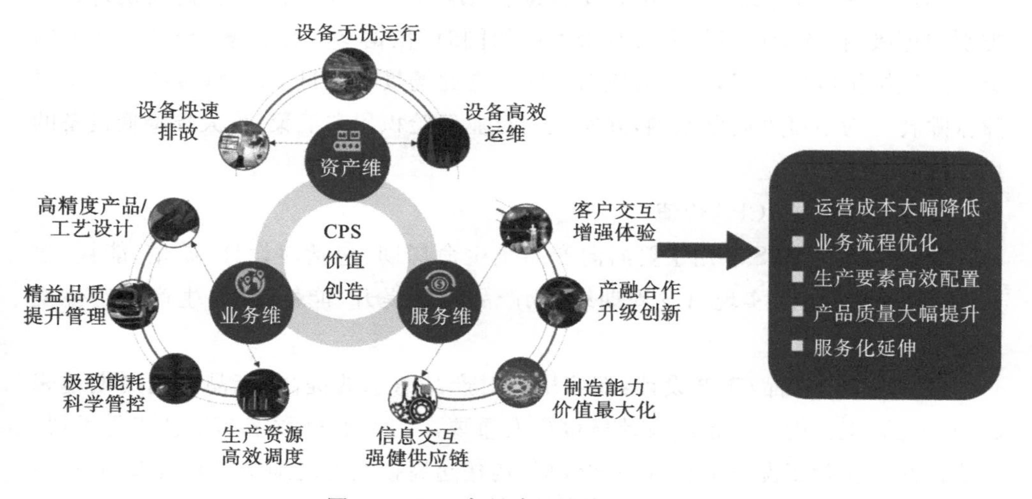

图6-1　CPS在制造领域的价值图谱

资产维价值场景主要聚焦于设备、产线等基础设施,以设备无忧运行、设备快速排故、设备高效运维等为目标导向,最终实现运营成本大幅降低的价值体现。

业务维价值场景主要瞄准企业内部的业务流程,以高精度产品/工艺设计、精益品质提升管理、极致能耗科学管控、生产资源高效调度等为目标导向,最终取得业务流程优化、生产要素高效配置、产品质量大幅提升的价值体现。

服务维价值场景主要着眼于企业对外的联系与增值,以客户交互增强体验、制造能力价值最大化、信息交互强健供应链、产融合作升级创新等为目标导向,最终实现企业服务化延伸的价值体现。

1. 资产维下的CPS价值

(1) 设备无忧运行:企业设备的运行状态不可见、非计划停机、现场故障排查困难等问题影响着生产稳定。基于此问题,CPS通过感知、分析、计算、控制闭环机制,可实时采集温度、湿度、振动等设备状态数据和工作时间、加工产品数量等过程数据,并以统计图表、启停状况、故障显示等方式实现设备运行和生产过程可视化,提高应对设备异常的快速反应能力,减少因机械故障引起的灾害,保障设备的有效运行时间,做到真正无忧运行。

(2) 设备快速排故:设备故障的排查时效直接影响着经济效益。CPS在掌握设备实时运行数据的基础上,通过设备故障知识库与设备管理系统的集成,可综合判断故障位置,以图形、声音等形式提供警告,快速捕捉故障现象,准确定位故障原因,合理设计并验证维修策略,实现基于设备运行状态的检修维护闭环管理,提高了设备故障排查效率。

(3) 设备高效运维:CPS在对设备健康状况进行评估的基础上,提供设备缺陷类别和等级;在预测设备故障及剩余寿命的同时,依据参数化预案专家库,智能制定预测性维护解决方案,以提前应对风险。在此场景下通过CPS将传统的可见故障排除转变为不可见问题预测,并实现同行业经验积累和汇聚,可大幅降低设备的风险故障概率。

2. 业务维下的CPS价值

业务维下的CPS应用主要面向产品全生命周期,包括对设计、质量、能耗、生产调度方面的优化,实现研发周期缩短、产品质量提升、能耗降低、生产稳定性提高等。

(1) 高精度产品/工艺设计:随着用户对产品需求的提高,产品更迭周期越来越短,产品/工艺的快速精准设计显得愈发重要。CPS通过数字孪生技术等手段,集成产品在实际工况下运行的各类数据,构建超高拟实度的虚拟仿真模型,对产品在实际试验或制造之前进行模拟与检验,从而缩短产品设计周期并降低试验成本。在此场景下,CPS能够解决企业实际生产过程中理想设计信息和真实加工、装配、检测等制造信息脱节的问题。

(2) 精益品质提升管理:产品生产过程中数据处理实时性差、工况状态反馈缓慢、运行决策粗放易变等问题影响着产品质量的提升。基于此问题,通过CPS可以统一集成从工艺设计到制造生产和检验过程各环节的数据,对全过程数据进行实时监测、动态预警、过程记录分析,实现产品和制造过程中质量相关数据的统一管理,并对关键工序质量进行在线检测和在线分析,自动对检验结果进行判断和报警，实现检测数据共享，并可通过产品质量问题知识库，杜绝生产过程中因为人为干预而造成的产品质量偏差，确保生产系统的高效协同和产品质量的稳定。

（3）极致能耗科学管控：能耗指标是企业控制成本的重要因素，能效优化是企业不得不面对的关键问题。通过CPS能够实现能耗信息、生产要素信息和生产行为状态信息等的感知，对能源的输送、存储、转化、使用等进行全面监控，实现对高能耗设备和制造过程能耗的实时优化调控。基于CPS的能效管理相比于传统的能耗监管方法，数据来源由单一的能耗数据向多类型的装备能耗、生产要素和生产行为等数据转变，使能耗监管更加精准高效。

（4）生产资源高效调度：生产资源的优化配置是基于产品成本、价格、质量等因素的综合分析结果，决定着效益。基于此问题，通过CPS可将企业物料采购、生产、仓储配送、运输管理等的信息进行集成，利用虚实映射技术，通过物理实体与虚拟模型的真实映射、实时交互、闭环控制，实现供应链全过程信息跟踪映射，并以此进行配送运输路线优化、运输过程调度、物料调配。在此场景下，CPS的数据采集、虚实映射等机制使得企业生产资源透明化，可以帮助企业实现采购、生产、物流、配送的无缝化和智能化。

3. 服务维下的CPS价值

服务维关注的重点已不仅仅是基于智能产品的服务，而是通过平台级CPS联通产业链上下游实现服务化的全面延伸，获得更大的附加价值。

（1）客户交互增强体验：随着客户对产品参与度需求的不断提升，与客户建立联系、提升交互体验是未来新的发展趋势。基于CPS的个性化定制使企业的服务管理模式发生新的转变，由传统的客户提供需求模式转变为服务商主动寻求服务，产品的管理过程也向着实时化、远程化、集成化的生命周期管理转变。在此场景下，产品就是一个CPS，具备感知、计算、控制的功能，且可与生产CPS连接。这样，一是可以通过CPS反映产品在使用过程中的变化规律，得到可用于分析产品性能的影响因素，帮助设计人员对产品进行改进，及时满足用户的个性化需求，二是加强客户与厂商间的交互，形成以客户需求为主导的企业新生产模式，整个过程中用户既是消费者又是设计者、生产者，真正实现了“产销合一”的理念。

（2）制造能力价值最大化：在各类企业出现制造能力冗余浪费的背景下，通过CPS将既有的资产和能力转变为结构化、信息化的表达并在平台上进行汇聚，可对企业内部资产进行全面数字化改造。依托CPS发布资源信息，实现员工、原材料、能源、工厂以及设备等资源透明化，推动企业间、企业与社会间通过闲置设备租赁、生产能力租用的形式产生额外收益，一方面提高资源使用效率，另一方面控制企业成本，解决企业产能过剩与产能不足的问题。该场景是未来发展趋势，通过不断在平台上积累供求双方信息,建立起生态发展体系。

(3) 信息交互强健供应链:随着全球化的快速发展,为了更好地响应市场需求、提高竞争能力,企业需要建立更加透明、柔性、快速反应的供应链管理体系。通过 CPS 的科学分析与决策,可实时提供配套供应商及供应数量方案,实现跨区域、跨企业的订单配置、供应商选择、物料调配、运力资源优化,实现厂商、客户定制化服务的无缝对接,带动区域生态链上下游的整体发展。在此场景下,通过 CPS 将原料供应商、各级制造商、方案解决商以及客户等的多源异构数据进行整合与分析,可解决企业因客户个性化需求增加导致的生产应变能力不足、资源获取难度加大等问题。

(4) 产融合作升级创新:在产业链金融不断创新的背景下,通过 CPS 可整合企业全流程数据,挖掘潜在商业价值,能够解决企业和金融机构的信息不对称问题,实现产业的现实需求和金融有效供给的无缝对接。CPS 能够集成生产经营活动中的业务流、物流、资金流、数据流,依托平台实现企业融资需求发布,对接金融机构产品。在此场景下,CPS 能够提高企业技术研发能力,促进制造业由低端机械加工向高端智能制造的产业升级,推动新商业模式的发展,最大化提升客户价值。

6.2 信息物理系统的功能架构

CPS 的实现方式是多种多样的,本节仅给出 CPS 的通用功能架构。CPS 应围绕感知、分析、决策与执行闭环,面向企业设备运维与健康管理、生产过程控制与优化、基于产品或生产过程的服务化延伸需求建设,并基于企业自身的投入选择数据采集与处理、工业网络互联、软硬件集成等技术方案。

总的来说,CPS 功能架构由业务域、融合域、支撑域和安全域构成,业务域是 CPS 建设的出发点,融合域是解决物理空间和信息空间交互问题的核心,支撑域提供技术方案,安全域为建设 CPS 的保障,如图 6-2 所示。

1. 业务域

业务域是驱动企业建设 CPS 的关键所在。业务域覆盖企业研发设计、生产制造、运维服务、经营管理、产业链协同等全过程,企业可根据面临的挑战,按业务或按场景梳理分析创值点。

2. 融合域

融合域是企业建设 CPS 的核心,由物理空间、信息空间和两个空间之间的交互对接构成。

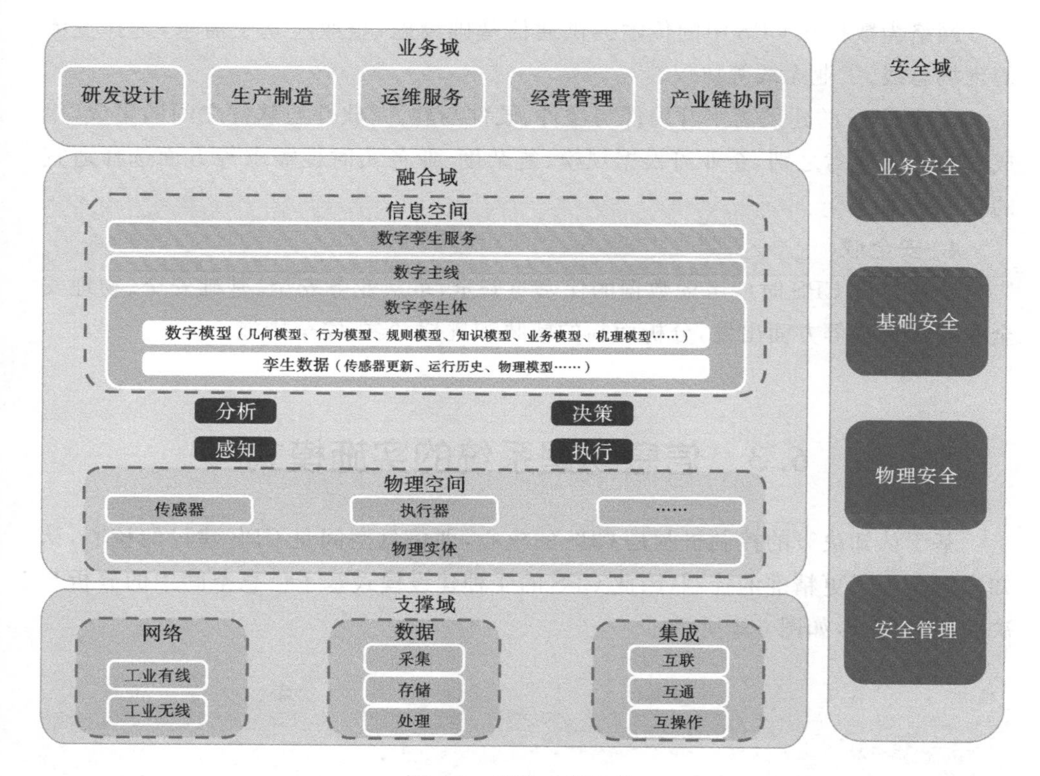

图6-2　CPS功能架构

物理空间应包括传感器、执行器以及制造全流程中人、设备、物料、工艺过程/方法、环境等物理实体，是完成制造任务的关键组成要素。

信息空间负责将物理实体的身份、几何、功能、机理、运行状态等信息进行数字化描述与建模，形成数字孪生体，基于数字主线为物理实体提供映射、监测、诊断、预测、仿真、优化等功能服务。

两个空间之间的交互对接是由感知、分析、决策、执行闭环构成的。感知应实现对外界状态数据的获取，将蕴含在物理空间的隐性数据转化为显性数据。分析应对显性数据进行进一步处理，将采集到的数据转化为信息。决策应对信息进行综合处理，在一定条件下为达成最终目的做出最优决定。执行是对决策的精准实现，是将决策指令转换成可执行命令的过程，一般由控制系统实现。

3. 支撑域

数据包括数据的采集、存储和处理，企业在建设CPS前应面向价值需求，规划采集数据的范围、类型、格式、频率、方式等，避免不同解决方案供应商的“模板式”业务系统采集无用数据，导致存储资源浪费、同一数据多次采集等窘境。

网络为数据在 CPS 中的传输提供通信基础设施，企业应基于需求，选择主流的现场总线、工业无线等协议。

企业 CPS 的建设离不开硬件与硬件、硬件与软件、软件与软件之间的集成，集成方式并无优劣之别，企业可根据规模、复杂度、业务实时性需求等方面选择适宜的集成技术。

4. 安全域

企业建设 CPS 时应考虑数据的保密与安全，可从业务安全、基础安全、物理安全和安全管理等方面出发，分析面临的威胁和挑战，实施安全措施。

6.3　信息物理系统的实施模式

基于认知决策的控制机制是 CPS 的核心，即信息空间是 CPS 建设的核心，认知决策是为了更精准的控制，因此 CPS 的 4 种建设模式基于信息空间中的分析与决策能力划分，如图 6-3 所示。

模式	定义	感知	分析	决策	执行
人智	人基于经验解决已知问题，机器按人的指令执行；数字孪生体能够实现物理空间在信息空间的映射	通过传感器、RFID等方式采集数据	通过上下限、坏值剔除等方式进行数据筛选，并转换成有逻辑的信息展示，人基于经验和机器状态进行决策		人操作机器、软件等执行
		机器　人	数字孪生体	人	机器　人
辅智	机器基于已有知识解决已知问题并避免其再发生，未知问题由人来解决；数字孪生体具备逻辑分析能力	面向已知问题的数据采集	建立知识库、专家系统等，机器基于已有的知识进行决策处理，并通过数据分析模型等对未知问题进行识别，提示人进行处理		已知问题机器自动执行，未知问题人操作机器控制
		机器　人	数字孪生体	人	机器　人
混智	机器基于机理、模型等推理识别未知问题，并与人协同来解决未知问题；数字孪生体间能够实现协同运行	以需求为导向的数据采集，异构数据融合	建立机理模型、数据分析模型以及模型间的关系，个体模型能在信息空间进行协作；已知问题机器基于知识库决策处理，未知问题由机器基于模型给出建议，达到人机协同		已知问题机器自动执行，未知问题由机器驱动人共同执行
		机器　人	数字孪生体	人	机器　人
机智	机器基于自决策、自执行等解决未知问题，并避免其再次发生；数字孪生体具备与物理空间实时交互的能力	基于业务需求，自主调整数据采集的数量、频率、内容	建立高级模型分析，模型间通过特征关联、协同推演等方式进行多对象多目标分析；已知问题机器基于知识库决策处理，未知问题机器可根据物理空间的变化自主处理		已知问题机器自动执行，未知问题机器自动控制
		机器	数字孪生体	人	机器　人

图 6-3　CPS 建设的 4 种模式

CPS建设按照其核心认知决策能力从低到高分为人智、辅智、混智和机智4种模式，循序渐进、层层递进，感知、分析、决策、执行是建设的方法论，其中分析和决策是CPS建设的核心。从图6-3中可见，人、机器、数字孪生体是CPS建设的三要素，4种模式从低到高代表机器和数字孪生体在整个CPS体系中的占比越来越高，人的占比越来越小，也就是人在CPS中慢慢地由操作者向高级决策者转变，机器和数字孪生体代替人处理重复性、复杂性的问题，最终实现人机协同。

1. 人智:信息展示能力

人智具备了感知、控制、执行和反馈闭环，实现了物理空间和信息空间的联通，分析和决策的能力主要依靠人的经验。因此，人智是具有CPS特征的最初级系统，不确定性问题以及多变的环境和任务主要由人基于经验解决，机器按人的指令执行，信息空间的数字孪生体可映射物理空间的物理实体。

建设人智的目标是实现数据在物理世界和信息世界间的自由流动，关注点在于数据采集与数据分析展示等方面。人智具有固定的操作方式，并且不会在整个产品生命周期发生变化。在出现安全问题、故障或外界情况变化的情况下，一般都需要人为干预。

人智主要实现设备互联，即通过传感器、数据采集卡、采集软件，形成数据记录并将数据存储到指定位置。通过信息系统，将重要的数据或经过简单计算的信息反馈给操作人员，操作人员以图表、曲线等信息为依据进行决策，如图6-4所示。

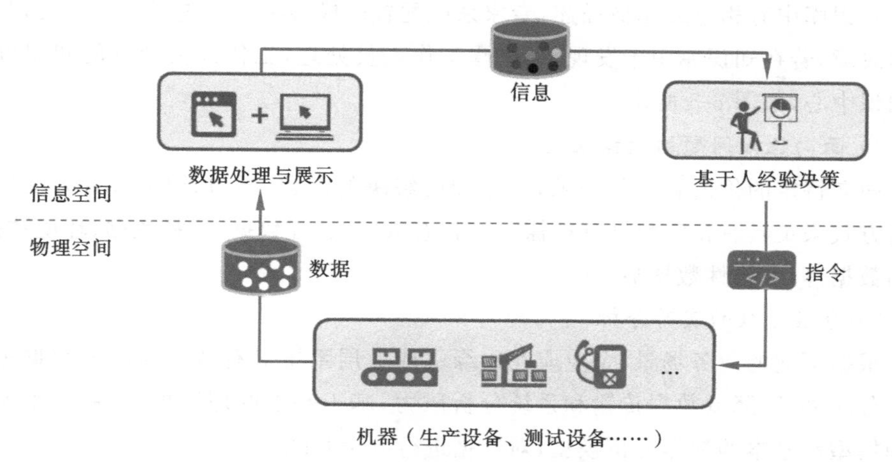

图6-4 人智模式建设总览图

1）数据采集系统建设

数据是CPS建设的基石，企业在搭建CPS时需要将涉及产品生命周期的所有数据进行采集、清洗、存储和处理，这就需要在生产中运用传感技术、嵌入式技术等数据采集技术对生产设备等物理实体和执行过程进行数据化处理。值得注意的是,数据采集的过程应尽量减少人的参与,在建设过程中人为动作更多侧重于控制数据采集系统的更新和稳定。

2）信息空间的搭建

信息空间的搭建借助数据分析与数据展示技术,实现企业各类机器、仪表、信息系统、用户等数据的简单分析和图形化展示,企业决策人员可根据展示的信息决策,同时可与客户、供应商进行实时的信息共享,达到互利共赢的目的。

2. 辅智:知识应用能力

辅智的核心是对知识库、专家库、解决方案库、经验等知识的封装利用,机器基于已有知识解决已知问题并避免其再发生,未知问题则由人来解决,同时数字孪生体具备逻辑分析能力。数字孪生体在模型建模阶段预先确定,在全生命周期内只能通过更改模型改变。在辅智模式中,物理实体可以感知外部的数据,决定采取何种操作模式,但不具备认知能力,仅依据已有知识做出相应的决策,解决的是人已知并且已有成熟解决方案的问题。

在人智实现 CPS 闭环的基础上,辅智增加了机器对已知已解决问题的识别与决策控制能力,该类问题及配套的解决方案由操作人员在日常工作中总结归纳而来,可称为企业的核心竞争力,这里称之为知识中心。信息空间实时采集运行数据和状态数据,当机器出现故障时,知识中心在知识库或专家库中进行匹配与比对,若在知识库中有相应或相似描述,专家系统配置的模型将择优选择最佳方案,及时处理故障,若在知识库中未发现,则提醒工作人员处理,工作人员处理的知识可丰富知识中心,如图 6-5 所示。

1）面向已知问题的数据采集

面向特定的价值和业务需求,即已知已解决的问题,通过条码、RFID、设备协议等方式采集具有特定数据分析需求的状态数据、过程数据、物料数据、环境数据、产品数据等,使隐性数据显性化。

2）分层分级的实时分析

根据不同的业务场景,企业应在边缘端或上层系统对有特定需求的数据进行分层分级处理,降低数据传输和系统分析压力,基于基本的理论模型、部件模型等机理模型和基本的数据分析模型,对数据进行分析和融合。

3）知识中心的搭建

知识中心的功能包括知识收集、知识整理和知识验证与应用。

(1) 知识收集。

知识收集是最重要的环节,知识收集的内容包含模型方法、工业流程、业务经

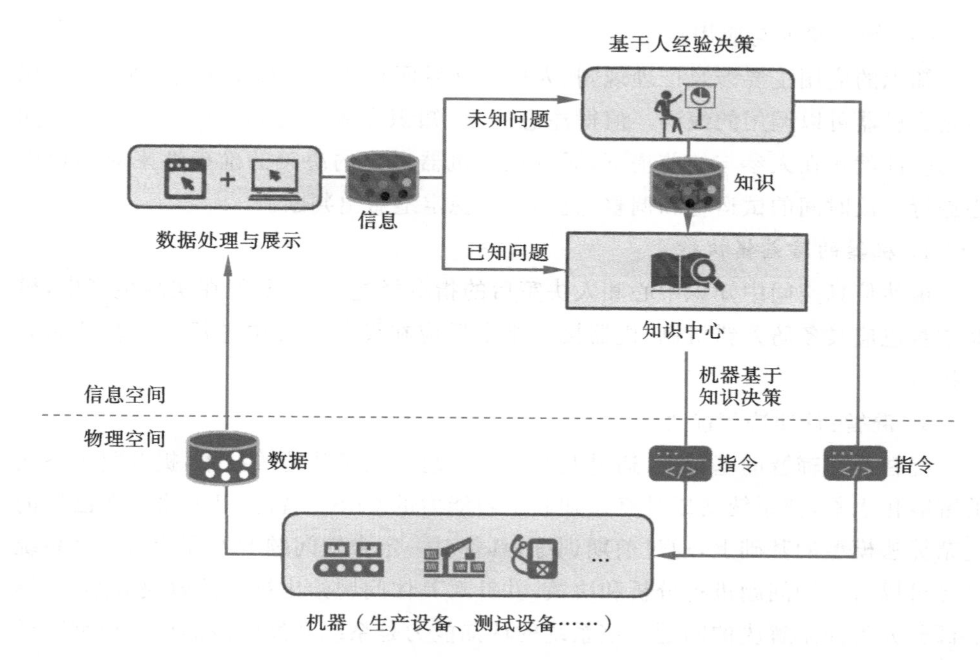

图 6-5　辅智模式建设总览图

验等方面。模型方法是指解决某一类问题的步骤，也就是该类问题的算法。如果研究的问题具有一般性，就可以通过抽象、简化的方式形成模型。在制造型企业的工作实践中，存在着很多隐性或显性的模型算法。它们以约定俗成、常态化的工作方式周而复始。换句话说，就是在面对这一类问题时，具体岗位日常采用的行之有效的工作方式。

工业流程和业务经验中包含人、机、料、技术图纸、数控程序、设计规范、加工参数、工具消耗、质量分析、生产异常等各领域信息，这些均可以作为有价值的知识进行管理，但在知识收集过程中不能仅仅停留在表面层面，应关注知识的关联分析与深度挖掘。如质量管理中，常常仅做了废品率的统计，对于产生废品背后可能涉及的人员工作效率、工作技能、设备参数设置、刀具加工，甚至薪酬政策等综合原因并未整体分析。

(2) 知识整理。

收集的知识在应用之前要做整理，整理包括对知识的抽取、分类存储、管理等。可以利用市场上已有的知识管理软件对知识进行标准化的管理。例如，Confluence是一个专业的企业知识管理与协同软件，具有不同权限，支持不同格式，且能够远程协同。Confluence 的知识空间具备相对统一的格式，知识可以被保存、调用和修改。

(3) 知识验证与应用。

知识的应用主要涉及推理规则、人机交互界面和知识解释系统的开发,将知识转化成机器可以调用的编码。值得注意的是,知识在应用前必须要经过验证。知识的验证就是在人参与的前提下,通过比对机器做出的决策的准确性来对知识中心进行一段时间的试运行和调整,直到系统稳定地做出判断。

4) 机器的防差错执行

虽然信息空间中知识中心和人决策后的指令经过了验证,但在实际生产中,机器本身也应具备防差错机制,机器接收指令后应在设备系统中进行二次验证后方可执行。

3. 混智:认知决策能力

混智是在辅智的基础上,通过互联网、大数据、人工智能等技术,提升整个系统的智能化水平,使系统变成具有认知和学习能力的 CPS。智能 CPS 建立在已知的复杂算法模型的基础上,通过前期训练,具备对一定未知问题的处理能力。该系统已经可以对已知问题进行分析和决策,并针对具体问题给出推荐的解决方案,能解决部分人类尚未解决的问题。该系统的认知能力是系统开发阶段的训练模型赋予的,因此该系统对未知世界的认知是有限的。简单来说,在混智模式下,机器基于机理、模型等可识别未知问题,并与人协同来解决未知问题,同时数字孪生体间能够实现协同运行。

混智的目标是建立一个认知中心,满足处理当前工业场景中不确定性问题和大规模复杂问题的需求,其关注点在于发现知识并高效利用知识,即在信息空间中形成认知与决策能力。认知与决策作为混智的标志,是闭环赋能体系中两个密不可分的环节,从纷繁复杂的信息中提炼出有用的知识,是认知的过程;综合运用多种知识给不确定性问题提供正确合理的建议,是决策的过程。物理空间的感知结果以数据形式输入信息空间的认知中心,信息空间的决策结果以控制指令和管理策略的形式输出到物理空间的控制执行机构,并通过解决生产制造、应用服务过程中的不确定性问题和复杂问题,优化资源配置从而创造出价值,这是一条建立在物理空间和信息空间之间的完整的双向的闭环赋能回路。而从认知到决策发生了从数据到知识、从知识到价值的转化,可见混智通过认知与决策完成了一项重要任务——发现知识并高效利用知识,如图 6-6 所示。

混智模式首先通过按需柔性的数据采集以及选择性、归纳性的存储实现数据积累,在此基础上,通过模型抽象、空间映射与知识挖掘,构成信息空间发现知识并高效利用知识的机制,积累丰富的数据资源。数据种类越多、规模越庞大,越有利于消除不确定性;将数据抽象为模型,模型类别越细分、结构越完整,越有利于信息

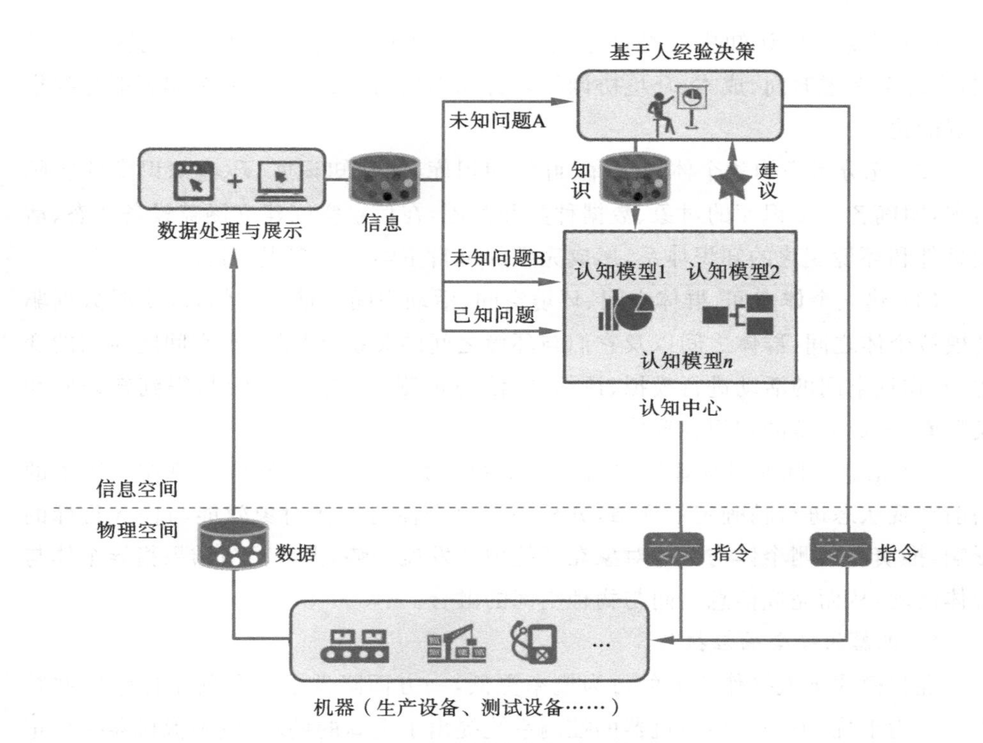

图6-6　混智模式建设总览图

空间的学习；将模型映射到空间，映射规则越清晰，越有利于推理；在空间中挖掘知识，挖掘知识越全面、越深入，越有利于基于知识做出决策。

1）以需求为导向的数据采集

混智按照活动目标和认知需求进行选择性和有侧重的数据采集，并实现多维异构数据源的整合，从信息来源和采集方式上保证数据质量，主要体现在：一是面向事件的数据采集，当工况、外部环境和目标情况发生变化时，采取不同的采集策略；二是面向分析目的进行有针对性的数据采集；三是面向设备健康的数据采集，根据设备健康状态监测评估和故障识别所需的数据类别和采样频率进行差异化的数据采集。

2）支持数据到信息转换的数据存储

混智的数据存储要通过智能分析实现数据到信息的转换，根据事件、目标、个体、群体等不同事件、不同数据特性进行选择性和归纳性存储。混智的数据存储模式具有更高的价值和信息密度，可提升后续认知的效率和准确性。

3）混智信息空间认知中心的建设

混智信息空间认知中心的建设需考虑以下几点：

(1) 信息空间认知中心是基于机理、群体、活动模型构成的单系统智能化模型，应综合考虑时间、成本、环境协调的多目标模型的集成，完成从个体智能化到集群智能化。

(2) 充分考虑构建个体知识库、群体知识库、活动知识库、环境知识库的实际需求，明确各个知识库的对象、数据种类和范围，在信息空间建立涵盖设备状态、活动事件和环境变化的知识体系，形成完整的可自主学习的知识结构。

(3) 建立个体空间、群体空间、环境空间、活动空间与推演空间，以实时数据驱动模拟个体之间、群体之间以及它们与环境之间的关系，记录物理空间随时间的变化，对物理空间的活动进行模拟、评估、推演与预测，形成决策知识，得到知识库和模型库，构成完整的知识发现体系。

(4) 信息空间通过物理空间活动产生的数据，对个体与群体对象在环境中的当前客观状态进行精确定量评估，分析环境对个体与群体对象效能与任务目标的影响，推演和预测个体与群体对象在环境中的发展趋势，根据推演结果指导个体与群体活动，从而完成信息空间与物理空间的融合。

4) 机器的安全响应执行

混智模式下人操作机器的行为概率更低，一方面降低了人员的工作强度并减少了人为干扰，另一方面对机器的控制系统提出了更高的要求，应确保机器指令正确、安全，并具有差错处理和安全识别与响应能力。

4. 机智:适应创造能力

机智使系统变成了“智能体”，具备自认知、自执行、自决策的能力，并且随着其认知水平的提升，系统整体能力可以不断提升优化。简单来说，机智模式下机器基于自决策、自执行等活动解决未知问题，并避免其再次发生，同时数字孪生体具备与物理空间实时交互的能力。

机智的目标是建设一个可以自我成长的智能体系，满足未来工业场景下处理未知问题的需求，其关注点在于推演空间的构建和协同优化能力的形成。

未来的工业系统将面对更加未知与多变的环境与系统，因此机智模式下的工业智能需要具备面向环境的智能、面向状态的智能、面向集群的智能和面向任务的智能 4 个能力。这些能力主要通过推演模型的构建实现，推演模型在信息空间中推演决策行为在实体环境中的活动结果与目标的差异，产生新的认知反馈，实现 CPS 知识体系的循环迭代和创新，从“知识的积累”变成“新知识的创造”，构成自重构和自成长的工业智能生态，具备处理未知环境、集群和任务的能力。

在混智认知与决策系统的基础上，机智利用数据驱动的方式，增加了决策与认知之间的反馈环节，建立推演模型，不断优化原有控制系统中的模型和逻辑策略，相较于原有的控制系统具备更好的自成长能力和自适应能力，构成自感知、自记忆、自认知、自决策的可以自成长的智能体系，如图 6-7 所示。

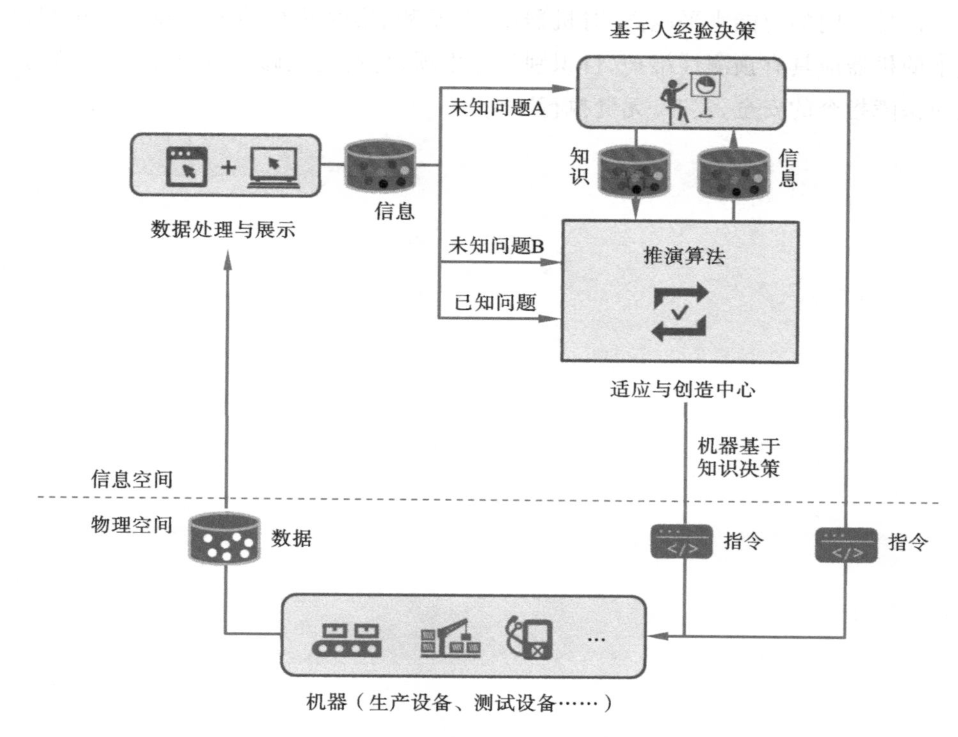

图 6-7　机智模式建设总览图

1）机智的自感知

在数据采集环节，机智的自感知主体自主调整数据采集的数量、频率、内容，实现按照自身状态、外部环境、活动目标进行自适应管理与控制。

2）机智的自记忆

在数据存储环节，机智的自记忆主体能够按照信息分析的需求和方向进行自适应的、动态的数据到信息的转换，保证数据的可解读性，实现智能化的筛选、存储、融合、关联记忆，实现自主的关联性、时序性存储。

3）机智的自成长

机智需要在机理、群体、活动等模型的基础上，针对对象在环境中的活动状态，提取对象及对象群体中的活动特征并进行关联分析，进而以推演、评估与预测为重点，形成多模型的协同知识推演规则，以多目标（如安全、成本、时间等指标最优）、多层次（如船舶领域的船、船队、船东等多决策层）、多环节（如设备使用、维护、保障、调度等）活动的优化协同为目标，构建自优化决策模型，达成在复杂环境下的多对象活动协同。

4）机器的自修复执行

信息空间的智能水平越高，对机器精准、平稳、实时执行的要求越高。机智模式下的机器应具有预测性维护、自识别意外事项、自动处理修复、自动防护的能力，从而保障指令的安全、实时、无缝执行。

第4篇　信息物理系统之技术篇

第7章　信息物理系统的技术保障

数字孪生是CPS实现虚实映射的重要部分，并通过CPS控制机制来运行。CPS的感知、建模、反馈等技术，为数字孪生的信息空间和物理空间之间的映射与互动提供支撑。因此，CPS是一种以数字孪生为枢纽的多维度智能技术体系，而数字孪生是CPS的中枢神经系统，包括数字主线构建、数字孪生建模、异构模型融合、虚实同步建模等。数字主线实现了数字孪生全周期环节模型之间的联通、耦合、叠加，数字孪生通过管理壳接入数字主线。数字孪生是物理实体的工作状态和工作进展在信息空间中的数字化表达，为CPS实现虚实映射提供解决方案。数字孪生是通过CPS控制机制实现双向操作的，从物理空间到信息空间反映了状态感知和软件建模的过程，从信息空间到物理空间反映了生产和加工过程。

对于CPS建设的技术保障体系，首先，对制造业来说，数据、知识的产生和应用，都必须作用于产品的设计、制造和服务提升，这样才可以真正发挥数据和知识的价值，一个重要的维度必须沿着产品全生命周期中的机理产生过程展开，对应的CPS关键技术可以解决产品复杂度问题；其次，实现数据在各业务环节中的自动流动，所以CPS关键技术在这一个维度应沿着数据的产生和应用展开，对应技术解决CPS应用复杂度的问题；最后，实现数据到工业知识的转化，沿着知识的产生和应用这一维度展开，对应的技术解决业务复杂度问题。因此，我们通过产品复杂度、应用复杂度以及业务复杂度三个维度来阐述CPS建设的技术保障体系，具体如图7-1所示。

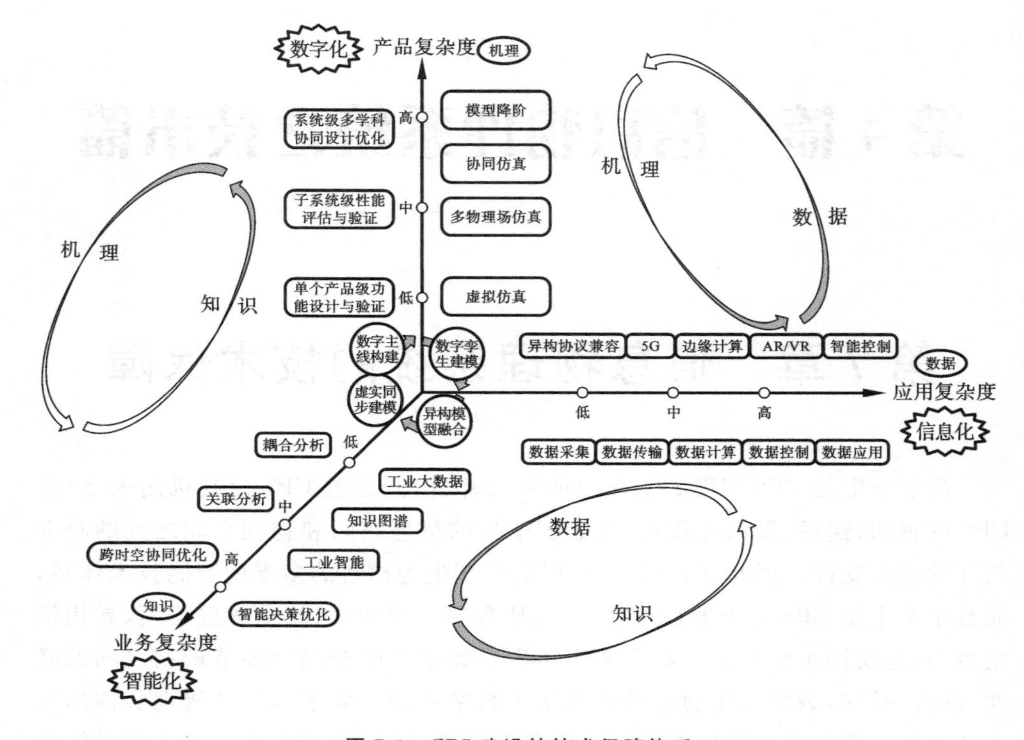

图 7-1 CPS 建设的技术保障体系

7.1 面向产品复杂度的 CPS 关键技术

产品机理建模是构建数字模型的过程,结果是在信息空间中形成物理等价物。仿真技术伴随着建模的整个过程,用于验证模型设计的准确性,并对参数进行优化,为产品的虚实融合提供有力支撑,是数字孪生应用中不可或缺的技术手段,如图 7-2 所示。仿真技术通常包括单学科物理场的仿真、多物理场仿真及系统仿真等。

利用 CPS 解决产品复杂度问题的步骤如下:利用多种仿真技术构建数字孪生模型,然后将数字孪生模型和仿真求解器部署到 CPS 中,通过网络与真实物理产品连接,使得数字模型与物理设备能形成双向的互通,达到数字模型和物理模型的同步运行,从而实现利用数字孪生模型监测和控制物理设备,或者进一步拓展出更多高级的具体应用。

针对产品复杂度的不同,产品机理建模和仿真可从部件级、子系统级到系统级逐层进行,最后形成以数字孪生为特征的虚拟数字模型。

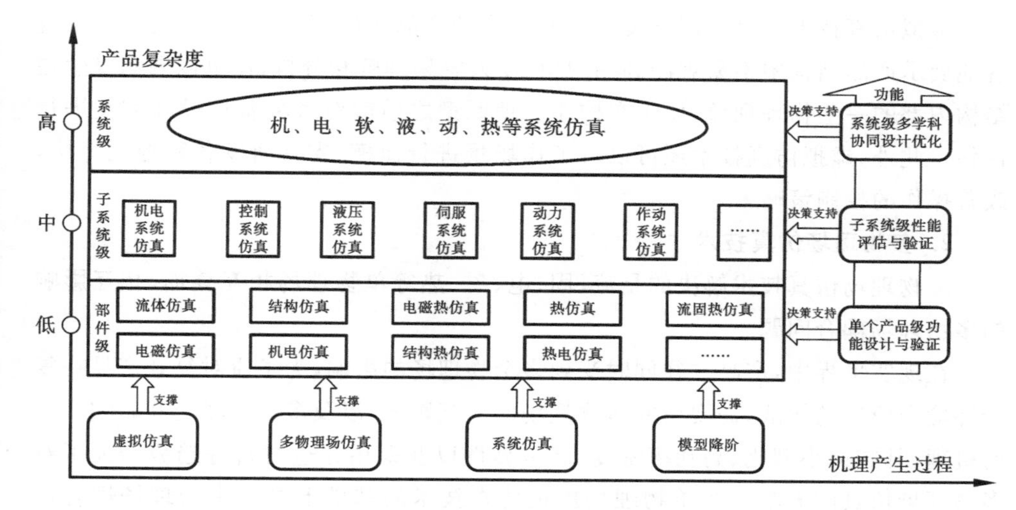

图7-2　面向产品复杂度的关键技术

部件级的建模和仿真主要是为了对单个部件的具体功能和性能进行设计和验证。针对部件的具体功能，需要对部件的某些物理场或结构进行仿真，包括流体仿真、结构仿真、电磁热仿真、热仿真、流固热仿真、电磁仿真、机电仿真、结构热仿真、热电仿真等。

子系统级的建模和仿真主要是为了对某一子系统的功能和性能进行设计和验证。针对某一子系统要实现的功能，可能涉及几个学科之间的模型联合仿真。典型的子系统仿真有机电系统仿真、控制系统仿真、液压系统仿真、伺服系统仿真、动力系统仿真、作动系统仿真等。

系统级的建模和仿真主要是为了对整个系统的功能和性能进行协同设计和整体验证，并对整个系统性能进行优化。根据系统功能的不同，构建包括机械、电子电气、软件、液压、动力、热等不同学科的集成模型，并进行协同仿真和参数优化。

此外，在系统级的仿真过程中，如果所采用的单学科仿真模型呈现三维状态，分析时首先需要在保证高保真度的基础上采用降阶技术对模型进行简化处理，然后使用降阶后的模型来构建系统模型，将完全的三维模型转换为零维、一维、二维、三维混合结构的系统模型，这样可以缩短仿真时间和降低复杂度，同时又能保持原系统的输入输出关系特性。

1. 虚拟仿真技术

虚拟仿真依靠电子计算机，结合有限元或有限体积的概念，通过数值计算和图像显示的方法进行结构、流体、电磁、热等单物理场的数值模拟，达到对工程问题、物理问题乃至自然界各类问题进行数值分析和机理研究的目的。

虚拟仿真技术一直被用于设计或改进物理产品或流程,虚拟仿真技术可以直观地展示产品结构中不易观测到的现象,使人容易理解和分析;还可以展示发生在结构内部的一些物理现象,便于在构建物理原型之前就对各种备选设计方案进行评估。此外,虚拟仿真技术还可以对工作场景进行建模,支持研发各种控制算法,改善操作的控制策略。

2. 多物理场仿真技术

多物理场仿真技术解决的是流、固、电、磁、热等单物理场相互叠加、相互影响的多物理场耦合问题。

在现实世界中,产品往往同时受到多个物理场的影响,为了应对复杂产品在复杂环境中应用的挑战,需要研究多物理场的交互影响,以及多物理场交互影响产生的机理。同时,小型化、高功率密度、高可靠性以及采用先进材料等趋势增大了对多物理场仿真的需求。在单物理场虚拟仿真技术的基础上进行多物理场耦合仿真,可更准确地评估这些复杂的物理现象和相关机理,常见的多物理场耦合包括流-固耦合、电-热耦合、热-结构耦合、流-固-热耦合、电-热-结构耦合等。

3. 系统仿真技术

系统仿真就是根据系统分析的目的,在分析系统各要素性质及其相互关系的基础上,建立能描述系统结构或行为过程的、具有一定逻辑关系或数量关系的仿真模型,进行仿真分析或定量分析,以获得正确决策所需的各种信息的过程。

CPS是在环境感知的基础上,深度融合了计算、通信和控制能力,具有信息空间和物理空间深度融合与实时交互功能的复杂系统,同时具备系统的可控、可信和可拓展能力。具有更高仿真精度的3D物理系统建模和仿真在智能化、电气化产品的开发和使用中尤为重要,利用虚拟系统技术,高保真模型内的权威系统定义能帮助用户完整理解各子系统之间的依赖性、数据和接口,而不是一系列传统静态的基于文本的设计文档。

4. 模型降阶技术

系统仿真对仿真速度要求较高,系统仿真的时间量级一般为微秒级或毫秒级,但三维仿真的时间量级一般为小时级或天级。将系统仿真与三维仿真直接连接进行耦合计算时,整体计算速度的瓶颈在三维仿真上,两者耦合计算将导致系统仿真的整体计算时间很长,难以匹配工程上的需求。因此需要采用模型降阶技术对三维仿真模型进行处理,在保证一定精度的情况下,缩短仿真时间来满足工程上的要求。

降阶技术主要分为静态降阶和动态降阶两种。目前较为成熟的降阶技术为基于响应面的静态降阶技术。但其只能对无时间相关性的物理现象进行降阶处理,无法对具有时间相关性的现象进行降阶。动态降阶技术则是利用机器学习的方法对三维仿真模型在指定工况参数空间内的全部工作特性进行拟合，生成降阶模型。其过程首先是在三维仿真软件中对所关心的问题进行三维瞬态仿真，然后将仿真获得的仿真结果作为学习资料，供降阶器学习，生成对应的降阶模型，降阶模型可作为一个普通的系统仿真元件，直接连入系统中使用。

5. 仿真技术发展趋势分析

近年来，随着仿真技术的不断发展，虚拟仿真功能、应用行业、应用规模得到了迅猛扩展，虚拟仿真产品的应用范围、应用场景也更加广泛。而且随着计算机运算速度的大幅度提高，计算机网络交互式分布仿真、基于 Web 的仿真、基于网络的仿真、基于云计算的仿真等技术接踵而来，虚拟仿真速度和效率得到了极大的提高，使复杂系统的虚拟仿真和更多产品的数字孪生成为现实。

人工智能和虚拟仿真技术的融合发展，还催生出了基于仿真的智能系统研究。基于多智能体的复杂系统仿真（智能通信仿真、智能电力仿真、智能管理仿真等）、基于控制的复杂系统仿真（人脸识别、聚变虚拟装配、大系统控制、多模型控制、鲁棒性控制、自适应控制等）日益增多，这些复杂系统仿真将会进一步“反哺”，加速创建更多的数字孪生。

未来，组织和产品中的知识获取、封装、使用和再创造等活动将以数字孪生为核心来开展，数字孪生应用程度将成为产品创新和数字化企业竞争力的关键。数字孪生的应用领域将从仿真驱动产品研发的范畴，逐渐扩展到仿真驱动的工程领域。

7.2　面向应用复杂度的 CPS 关键技术

CPS 应用的本质是实现数据在设计、采购、仓储、生产、管理、配送和服务等环节的自动流动，以数据流带动资金流、物流和人才流，进而不断地优化流程，提高制造资源配置效率。以数据的采集、传输和计算分析技术驱动，打通每一个业务环节，有效支撑 CPS 在各类应用场景下实现价值。为了应对更加复杂的应用场景和应用环境，保证数据的采集、传输、计算和使用更加智能，需要异构协议兼容、5G、边缘计算、智能控制、AR/VR 等多种技术协同，如图 7-3 所示。

在制造企业中 CPS 的应用有多种情境和方式，总体来说可以分为单元级应用、系统级应用和 SoS 级应用。依据信息物理融合应用层次要求，通过设计数字孪生接口与互操作规范，定义数字孪生间的相互逻辑关系，从数字孪生图谱中选择数字孪生体，确定数字孪生体内部的数据传递关系、模型融合机制和同步建模等

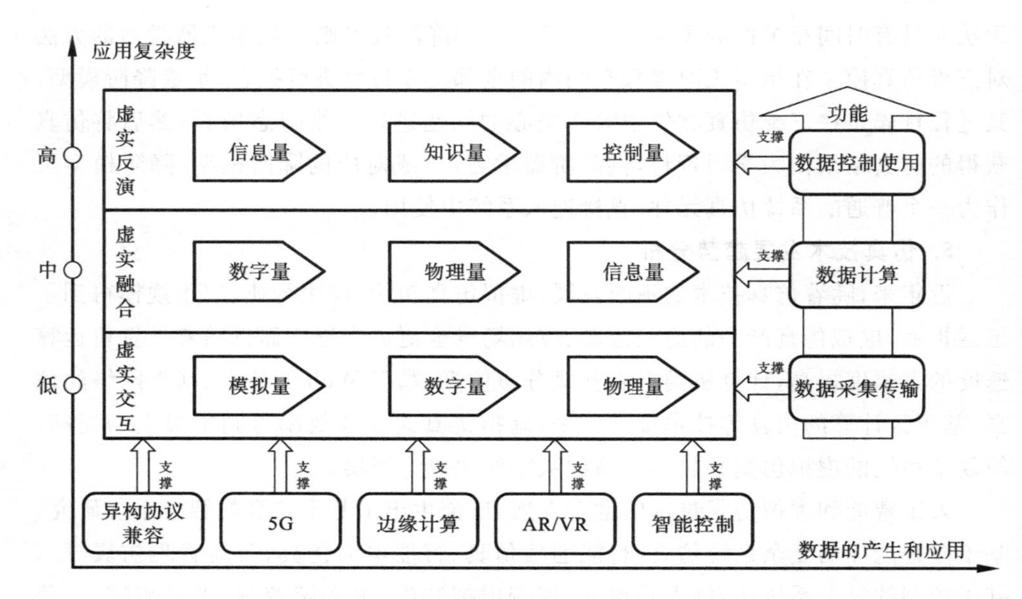

图 7-3 面向应用复杂度的关键技术

级,实现多数字孪生体协同与处理。通过定义多个数字孪生体的交互关系,多个数字孪生体互联协同,形成更复杂、更高级别的数字孪生体,从而实现系统级 CPS 之间的协同优化以构建 SoS 级 CPS,将多个系统级 CPS 工作状态统一监测、实时分析、集中管控。

1. 异构协议兼容技术

数据是支撑 CPS 进行建模、仿真、优化、控制的基础,CPS 的价值创造在很大程度上取决于采集数据的数量和质量。但是 CPS 具有泛在连接、异质同构的属性,系统采集的数据来源很多,可以是物料、生产设备、产品、装备等物理实体,也可以是各类信息化系统。即便同一种类设备,也存在设备厂商不同、开放程度不一样、接口形式不统一、协议繁杂等问题,设备之间在协议适配、协议解析和数据互联互通方面困难重重。因此,为了实现互联互通,需要采用异构协议兼容技术实现多种硬件接口、通信协议数据包的安全转换和转发功能,保证 CPS 的根基稳固。

2. 5G 技术

第五代移动通信技术(5G)与云计算、大数据、虚拟/增强现实、人工智能等技术深度融合,成为 CPS 应用的关键基础技术。

5G 三大应用场景是增强移动宽带(eMBB)、海量机器类通信(mMTC)和超可靠低时延通信(URLLC)。其中,eMBB 可以应对对带宽有极高需求的数据传输工作,如图像和高清视频数据的回传、自动控制或自动驾驶中的虚拟现实(VR)和增强现实(AR)等,满足CPS中数据传输的需求;mMTC聚焦对连接密度要求较高的业务,可以解决多类型、大批量的传感器布置问题,满足CPS末端节点互联、全面感知的需求;URLLC聚焦对时延极其敏感的业务,满足CPS中的数字孪生和实时控制的需求。

5G将CPS应用场景与高速移动通信深度融合,提供了一个更灵活、更可靠、更安全、更智能、可编程、可拓展的网络,满足CPS对网络低时延、大流量、高可靠、高安全性等的需求,为CPS在产品和业务中的应用提供支撑。

3. 边缘计算技术

边缘计算是在靠近物或数据源头的网络边缘侧,融合网络、计算、存储、应用核心能力的分布式开放平台,就近提供边缘智能服务,满足行业数字化在敏捷连接、实时业务、数据优化、应用智能、安全与隐私保护等方面的关键需求。因此,边缘计算技术是实现物理空间与信息空间连接的桥梁,将大规模节点运算处理放到CPS节点端进行,减轻中央处理运算负荷,使工业过程响应更为实时。作为连接物理世界和信息世界的桥梁,边缘计算设备将物理空间工业现场PLC设备和数控系统连入信息空间。现阶段,边缘计算技术的实现应用难点主要在边缘操作系统、OPC UA、算法模型和协议适配等方面。

4. 智能控制技术

智能控制技术是控制论的技术实现应用,是通过具有一定控制功能的自动控制系统来完成某种控制任务,保证某个过程按照预想进行,或者实现某个预设的目标。智能控制技术是实现CPS虚实融合的主要技术手段。智能控制的主要关键技术包括无线控制技术、模糊控制技术、神经网络控制技术、学习控制技术、可编程控制技术、液压传动控制技术等。

5. AR/VR 技术

物理世界的实体是可见可触的,可以简单直观地与人进行交互。而虚拟世界传递给人的多为屏幕上的几行数字或一些图表,这大大增加了相关人员操作CPS的难度,使用增强式交互技术表达数字孪生体可以大大降低人员的使用成本。AR技术主要包含跟踪注册技术、显示技术和智能交互技术等。VR技术主要包含计算机图形技术,立体显示技术,视觉跟踪和视点感应技术,语音输入输出技术,听觉、力觉和触觉感知技术5个关键技术。

7.3 面向业务复杂度的CPS关键技术

CPS在研发设计、工艺管理、生产制造、测试试验以及运维服务等业务环节的应用存在耦合性、关联性和跨时空系统性等特点,根据涉及业务场景和复杂度的不同可以将其划分为单场景应用、跨场景应用和全场景应用。CPS针对上述不同场景分别提供耦合分析、关联分析以及跨时空协同分析等功能,以实现“原始数据—数据处理—知识加工—知识管理—认知服务”的知识产生与应用过程。为支撑不同场景下的数据分析需求以及知识的产生与应用,需要工业大数据、知识图谱、工业智能和智能决策优化等关键技术,如图7-4所示。

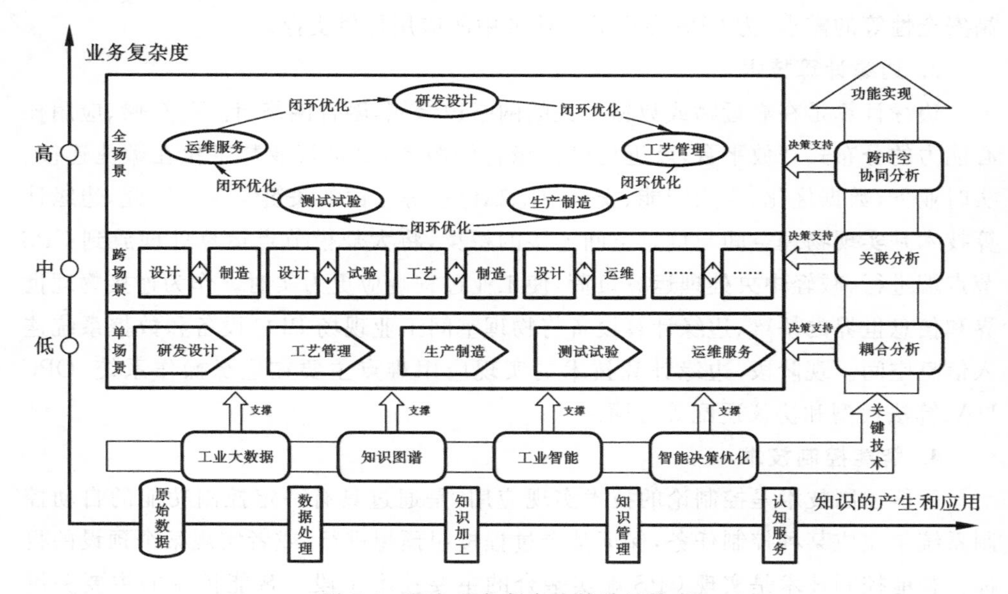

图7-4 面向业务复杂度的关键技术

1. 工业大数据技术

工业大数据是工业企业自身和生态系统产生或使用的数据的总和。从产品的整个生命周期来看,工业大数据贯穿于产品研发设计、工艺管理、生产制造、测试试验和运维服务等各个环节,其价值属性实质上是基于工业大数据分析对产品的全生命周期数据实现深入挖掘内在知识价值,并融合工业机理模型,以数据驱动+机理驱动的双驱动模式来进行工业大数据的分析,为工业生产、运维、服务等单一场景,跨业务场景以及全业务场景提供科学的认知决策。

2. 知识图谱技术

随着大数据时代的到来,工业生产过程中积累了海量数据,知识图谱技术为工业领域提供了一种便捷的知识表达、积累和沉淀方式,为行业大数据的理解和洞察提供了丰富的背景知识。将CPS作为实现企业智能化升级的系统支撑,而知识图谱技术的应用是支撑其进一步满足智能化诉求的手段之一。在行业智能化升级的实现过程中，迫切需要行业知识赋能，将知识赋予机器并让机器具备一定程度的认知能力。

3. 工业智能技术

工业智能技术是人工智能技术在工业领域融合应用的系统技术与方法，包括机器学习、深度学习、自然语言处理、计算机视觉、认知与推理等技术，它将传统依靠人类经验的传承方式，转向通过数据分析、智能建模等手段挖掘数据的隐形线索，将知识转化为模型，使得行业知识能够高效和自发地产生、利用和传承。工业智能为处理海量工业图像、工业视频、工业声音、工业日志等非结构化数据和工业时序数据提供了技术支持，支撑了 CPS 的挖掘、分析、诊断与预测能力，解决了工业领域碎片化知识处理与挖掘难题。工业智能既能提升和扩大知识的产生、利用和传承过程的效率和规模，又能优化生产组织要素的价值链关系，以最优的方式支撑 CPS 实现服务最终用户，实现各项业务的发展和价值。

4. 智能决策优化技术

智能决策优化技术是 CPS 的核心关键技术，它从工业数据中发现可供迭代利用的知识，并基于推理与优化算法生成指导管理与控制活动的策略，是实现基于数据自动流动的闭环赋能体系、资源优化、价值提升的重要抓手。工业场景下通过建立工业大数据和知识驱动的流程工业智能优化决策机制与系统体系结构，以及构建工业大数据驱动的领域知识挖掘、推理与重组、多源异构多尺度生产指标，形成基于大数据和知识驱动的生产指标决策、运行优化与控制一体化的工业智能决策优化新模式，有助于实现基于 CPS 的工业生产的绿色化、智能化和高效化。

综上所述，工业大数据技术、知识图谱技术、工业智能技术、智能决策优化技术支撑 CPS 实现从对数据的洞察挖掘到决策的知识的萃取，可实现数据—信息—知识的高效转化，加速信息空间与物理物理空间之间的交互联动。

第 8 章　信息物理系统的安全保障

8.1　信息物理系统的安全需求

1. CPS 面临的安全威胁

CPS 面临的各类安全威胁如表 8-1 所示。

表 8-1　CPS 面临的安全威胁分类

层次	设备	面临的安全威胁
信息-物理融合	硬件 软件 网络 平台	物理攻击、设备故障、线路故障、电磁泄漏、电磁干扰、拒绝服务攻击、信道阻塞、控制命令伪装攻击、控制协议攻击、控制网络攻击、女巫攻击、重放攻击、感知数据破坏、假冒伪装、信息窃听、数据篡改、节点捕获等
基础安全		拒绝服务攻击、路由攻击、汇聚节点攻击、方向误导攻击、黑洞攻击、泛洪攻击、陷阱门、恶意代码、应答哄骗、错误路径选择、隧道攻击、用户隐私泄漏等
业务安全		数据注入攻击、机器学习算法攻击、跨域身份伪造、非授权域操作、恶意代码、数据库渗透等
安全管理		安全策略篡改、风险评估偏差、安全更新失效、安全计划缺失等

1）信息-物理融合面临的威胁

CPS 会在物理空间和信息-物理融合两个层面受到物理攻击、感知组件攻击等威胁。在物理空间层面，面临的安全威胁主要包含物理攻击、设备故障、线路故障、电磁泄漏等，信息-物理融合是信息空间和物理空间的连接点，包括作为 CPS 数据来源的感知组件以及作为控制命令执行器的控制设备。其中，感知组件面临的安全威胁有节点捕获攻击、传感器侧信道攻击、能耗攻击等；控制设备是信息空间和物理空间的交互点，其面临的安全威胁主要有控制命令伪装攻击、控制协议攻击、控制网络攻击等。

2）基础安全面临的威胁

CPS 的基础安全方面涉及的对象包括网络、主机、应用和数据，因此基础安全面临的威胁主要是针对信息物理系统基础网络、主机和数据的拒绝服务攻击、路由攻击、控制网络 DoS 攻击、汇聚节点攻击、方向误导攻击、黑洞攻击、泛洪攻击等。这些安全攻击将威胁基础网络、主机和数据的拓扑安全、访问边界控制、协议完整性、内容安全、行为抗抵赖性、系统可用性等重要属性。同时，基础安全方面也将承受信息-物理融合层次传递的安全威胁。

3）业务安全面临的威胁

CPS 业务安全面临的威胁主要针对其互操作和协同安全，主要威胁形式包括数据注入攻击、机器学习算法攻击、跨域身份伪造、非授权域操作、恶意代码、数据库渗透等。同时业务安全方面也将承受信息-物理融合和基础安全层次传递的安全威胁。

4）安全管理面临的威胁

CPS 在安全管理上面临的威胁主要来自信息-物理融合安全、基础安全和业务安全管理过程中，包括在安全策略、安全计划、安全风险管控等方面面临的安全策略篡改、风险评估偏差、安全更新失效、安全计划缺失等威胁。安全管理上面临的威胁将影响 CPS 的多个层次，从信息空间把威胁传递到物理空间，因而对 CPS 的安全管理和风险评估是对基础信息安全、物理安全、业务安全的综合性管理与评估。

2. CPS 安全需求

依据 CPS 特征，以硬件、软件、网络和平台为核心要素，本小节提出 CPS 6 大类安全需求。

（1）CPS 特定系统使用专有通信协议，需要可靠的认证、加密机制，以及交互消息完整性验证机制；

（2）CPS 设备的专有信息、运行参数必须进行严格保护；

（3）CPS 是 IT 系统与控制系统的混合，需要对 CPS 采用 IT 系统标准后的安全性进行严格验证和测试；

（4）在 CPS 层次结构中，必须严格限制在应用层网络中使用设计生产/作业的 CPS 服务，对资源使用加强认证和访问控制，同时制定必要的网络划分、域控制和隔离策略；

（5）CPS 系统在各个层次间存在控制、监控、测量等设备和计算机服务间的通信，必须对层间或跨域通信引入可靠的互操作加密和认证机制；

（6）当 CPS 与 IT 系统融合时，需要考虑对现有 IT 系统安全解决方案在 CPS 系统中的应用进行扩展、裁剪、修改或再开发。

8.2 信息物理系统的安全技术

在总结美国NIST的网络安全架构(cyber security framework,CSF)和我国等级保护相关工作的基础上,结合CPS特点,把CPS安全保障建设划分为五个关键环节,即安全识别、安全防护、安全检测、安全响应和安全恢复;针对CPS,CPS安全保障被划分为物理安全、基础安全、业务安全和安全管理四个方面,如图8-1所示,其中四个方面进一步细分为互操作安全、协同安全、网络安全、主机安全、应用安全、数据安全、环境安全和物理安全。CPS安全研究与建设内容包括CPS面临的安全威胁分析、安全需求定义和安全保障实施;针对的对象包括硬件、软件、网络、平台和安全交互管理;伴随整体建设过程的是CPS安全保障标准化工作;同时还需要把上述建设内容映射到我国具体的行业或领域中。

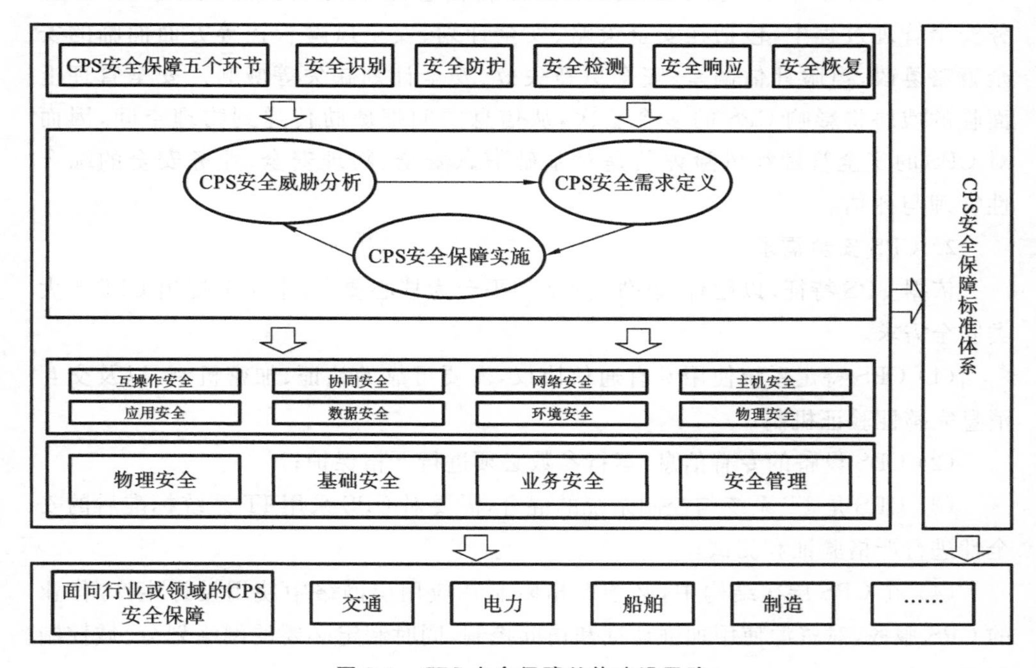

图8-1 CPS安全保障总体建设思路

8.3 信息物理系统的实施过程

1. 安全识别

资产识别:信息物理安全资产识别与评估的目的是明晰与信息物理安全相关

的资产清单、资产关系和资产价值。

风险识别：确认来自外部网络的介质攻击、PLC程序病毒、无线网络入侵等威胁。

2. 安全防护

1）业务安全

互操作安全：应利用安全认证、访问控制、安全散列等技术，实现信息物理系统方法互用、数据互用中的身份鉴别、权限配置、数据完整性保护。

协同安全：应利用安全认证、访问控制、数字证书等技术，实现信息物理系统业务协同流程中的身份鉴别、动态授权、身份融合、跨域授权。

2）基础安全

网络安全：应利用拓扑安全检测、访问边界控制、协议验证、内容检测等措施，保护信息物理系统网络资源的完整性、可用性等重要安全属性。

主机安全：应利用身份鉴别、访问控制、加密、入侵检测、行为审计等措施，保护主机对象的机密性、完整性、可用性等重要安全属性。

应用安全：应利用身份鉴别、访问控制、沙箱检测、策略验证等措施，解决应用权限冲突问题，保护应用对象的完整性、可用性、行为抗抵赖性等重要安全属性。

数据安全：应采取加密、泛化、加噪、备份等措施，保护数据对象的机密性、隐私性、可恢复性等重要安全属性。

3）物理安全

环境安全：应采取物理访问控制、防盗窃和防破坏、防雷击、防火、防水和防潮、温湿度控制和电力供应等环境防护措施，保护信息物理系统运行环境安全。

物理安全：应采取故障检测技术、事件树分析、危险与可操作性分析等功能安全防护技术，并结合信息安全风险分析技术，防止因误操作、网络攻击等造成随机硬件失效和系统性功能失效，使得信息物理系统保持设备受控状态，保护信息物理系统物理安全。

4）安全管理

安全管理：应对信息物理系统资源对象设置相应的安全策略，对各类安全措施进行指导和管理，从而保护实体和虚拟资产的重要安全属性。

3. 安全检测

应对CPS中的平台、系统和软硬件进行检测，检测内容涵盖兼容性、安全性、功能性等方面。同时在检测的基础上还应进行已知漏洞的扫描和未知漏洞的挖掘。

4. 安全响应

信息物理系统应急响应包括应急计划的策略和规程、应急计划培训、应急计划测试与演练、应急处理流程、事件监控措施、应急事件报告流程、应急支持资源、应急响应计划等。

5. 安全恢复

CPS安全恢复机制需通过各层级或系统的数据收集与分析来及时更新优化防护措施，形成持续改进的防御闭环，确保相关层级系统数据一致。恢复机制主要包括响应决策、备份恢复、分析评估等。

第 5 篇　信息物理系统之标准篇

第 9 章　信息物理系统的标准化现状与需求

标准与技术创新同步已成为推动产业发展的有效模式。信息物理系统是一个具有显著创新潜力和社会影响的领域，其技术体系和应用方案有待完善，用标准助推其创新发展是必要的手段。因此，应借鉴国内外已开展的 CPS 标准化工作经验，针对 CPS 标准化存在的现实需求，开展 CPS 的标准化工作。

9.1　信息物理系统的标准化现状

目前美国 NIST、美国电气电子工程师学会（IEEE）以及我国信息物理系统发展论坛已先行开展了 CPS 标准研究工作。

美国 NIST 于 2014 年 6 月成立了 CPS 公共工作组（CPS PWG），联合相关高校和企业专家共同开展 CPS 标准研究，并于 2016 年 5 月发布了《信息物理系统框架》。该框架分析了 CPS 的起源、应用、特点和相关标准，并从概念、实现和运维三个视角给出了 CPS 在功能、商业、安全、数据、实时、生命周期等方面的特征。

IEEE 于 2008 年成立了 CPS 技术委员会（TC-CPS），致力于 CPS 领域的交叉学科研究和教育。TC-CPS 每年都举办 CPS Week 等学术活动以及涉及 CPS 各方面研究的研讨会。

中国电子技术标准化研究院于 2016 年 9 月联合国内百余家企事业单位发起成立信息物理系统发展论坛，共同研究 CPS 发展战略、技术和标准等，现已形成《信息物理系统　参考架构》《信息物理系统　术语》标准。

CPS 体现了工业技术和信息技术的跨界融合，涉及硬件、软件、网络和平台等多方面的集成，以及不同环节、不同模式下的复杂应用。目前国内外对 CPS 标准的研究还处于起步阶段,这些现实情况以及 CPS 本身具有的创新性、复杂性给标准化工作带来了诸多挑战:统筹 CPS 设计、实现、应用等多方面的标准化任务,整体布局分段实施;统一 CPS 标准化语言,减少理解和认识的差异;解决互联互通、异构集成、互操作等复杂技术问题;规范 CPS 应用模式,营造良好的应用氛围;构建 CPS 安全环境,预防控制安全问题。

9.2 信息物理系统的标准化需求

针对上述问题,从顶层设计、基础共性、关键技术、应用和安全等 5 个方面提出信息物理系统标准化的需求。

1. 顶层设计类标准

顶层设计是开展标准化工作的总体纲领与参考,界定了 CPS 标准研究的范围,明确了待研制的标准明细以及各项标准之间的关系。对顶层架构的设计应至少包括标准体系框架、实施综合标准化体系建设指南等。

2. 基础共性类标准

该类标准用于统一 CPS 的术语、相关概念以及框架模型,是认识、理解以及实现 CPS 的基础,为开展其他方面的标准研究提供支撑,包括术语和概念、体系结构以及相关的评估规范等。

3. 关键技术类标准

该类标准用于规范 CPS 的设计、开发和实现中的关键技术要素及其测试规范,指导技术研发、测试验证等,包括 MBD 建模、异构集成、数据互操作、数据分析等技术要求及其测试规范、技术实现的过程与方法等。

4. 应用类标准

该类标准用于指导不同场景、不同行业 CPS 的部署、集成与测试,包括用例、系统解决方案以及行业实施指南等。

5. 安全类标准

该类标准用于规范 CPS 中工业控制以及信息安全管理,提升工控安全防控能力,包括工业控制系统信息安全管理、风险评估、防护能力评估等。

第10章　信息物理系统的体系架构与术语

10.1　信息物理系统的体系架构

10.1.1　CPS参考体系结构的目的和目标

本书中的CPS参考体系结构提供了一个体系框架，用于有效描述CPS共同关注点、角色、子角色、CPS活动、功能架构和CPS功能组件。

CPS参考体系结构的目的包括：

(1) 描述CPS的利益相关者群体；

(2) 描述CPS的基本特征；

(3) 规范基本的CPS角色和功能组件；

(4) 识别CPS设计和改进的指导原则。

CPS参考体系结构的核心标准化目标包括：

(1) 有助于制定一系列协调配套的CPS标准；

(2) 为定义CPS提供一个中立的参考点。

CPS参考体系结构重点关注CPS提供什么，而不是如何设计基于CPS的解决方案和实现方式。尽管CPS参考体系结构可能会限制某个实际系统的结构，但是CPS参考体系结构并不代表任何具体CPS的系统结构。CPS参考体系结构并不依赖于任何具体提供商的产品、服务或参考实现，也不定义有碍创新的常规方案。

CPS参考体系结构还用于：

(1) 为国际社区理解、讨论、分类和比较CPS提供参考；

(2) 为使用通用的参考体系结构描述、讨论和编制特定的系统结构提供工具；

(3) 促进在下述领域进行潜在标准分析，包括：异构集成、虚实融合、科学决策、闭环迭代、容错健壮、弹性扩展、安全可信、价值创造。

10.1.2　CPS参考体系结构概念

1. CPS参考体系结构框架

CPS能采用视图方法进行描述。

CPS 参考体系结构采用四个不同的视图进行描述(见图 10-1):

(1) 用户视图;

(2) 功能视图;

(3) 实现视图;

(4) 部署视图。

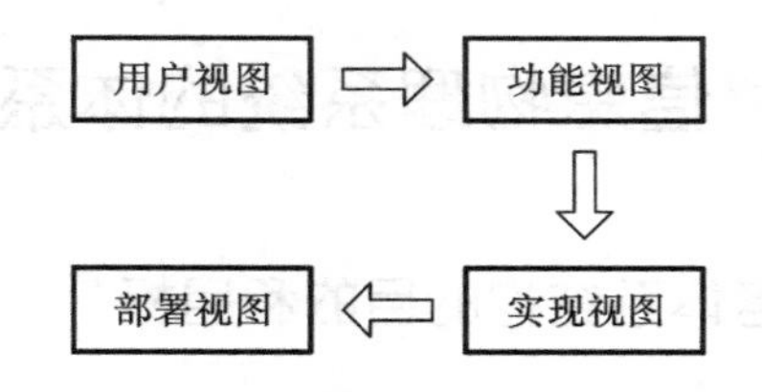

图 10-1 不同结构视图之间的转换

表 10-1 给出了对每个视图的描述。

表 10-1 CPS 视图

CPS 视图	视图描述	范围
用户视图	角色、子角色和 CPS 活动	范围内
功能视图	支撑 CPS 活动所需的功能组件及其关系	范围内
实现视图	对 CPS 功能的技术实现	范围外
部署视图	基于已有或新增的基础设施,对 CPS 实现的具体部署	范围外

注:本书包含了对用户视图、功能视图的详细描述,但由于技术与方案的不断进步,实现视图与部署视图处于不断变化状态,因此本书并不包含对实现视图、部署视图的描述。

图 10-2 给出了用户视图向功能视图的转换。

2. 共同关注点

1) 概述

共同关注点包含结构层面和运营层面的考虑。共同关注点适用于 CPS 参考体系结构描述范围内或与 CPS 参考体系结构实例系统运营相关的多个元素。这些共同关注点在多个角色、活动和组件中共享。

共同关注点既适用于 CPS 的用户视图,又适用于 CPS 的功能视图。

共同关注点适用于用户视图中的角色和子角色,并且直接或间接地影响这些角色所执行的活动。

共同关注点也适用于功能视图中的功能组件。这些组件在执行用户视图所描述的活动时被使用。

共同关注点包括:异构集成、虚实融合、科学决策、闭环迭代、容错健壮、弹性扩

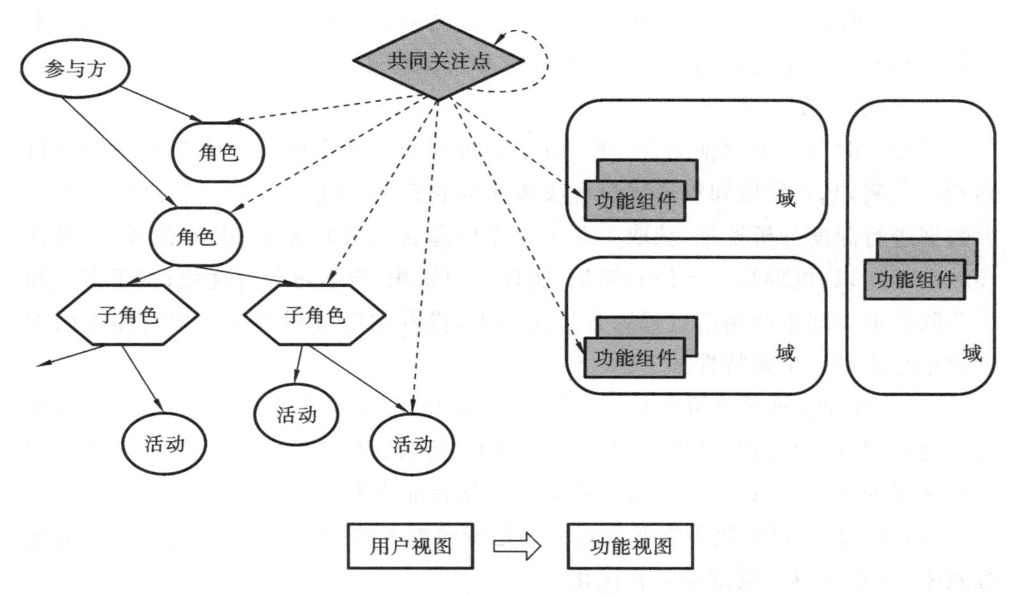

图 10-2　用户视图向功能视图的转换

展、安全可信、价值创造。

2）异构集成

软件、硬件、网络、工业云等一系列设备和技术的有机组合构建了一个信息空间与物理空间之间数据自动流动的闭环体系。通过信息技术与工业技术的深度融合,可实现数据在信息空间与物理空间不同环节的自动流动。异构集成能够为各个环节的深度融合打通交互的通道,为实现融合提供重要保障。主要特性如下:

（1）互操作性:CPS 在不同硬件、软件、网络、系统平台间具有信息共享、处理、交互能力。

（2）兼容性:CPS 是复杂控制系统,包含不同的实体与虚体,同时包含不同的层级,在异构与层级之间能够相互协同是 CPS 的一个典型特征。

3）虚实融合

构筑数字虚体与物理实体之间的交互联动通道,将物理空间中的物理实体在信息空间进行全要素重建,形成具有感知、分析、决策、执行能力的数字孪生,实现物理实体与数字虚体之间的交互联动、虚实映射、虚实反馈、共同作用,提升资源优化配置效率。主要特性如下:

（1）同步性:软件和硬件都必须进行校准,以确保符合时间同步的技术规格。

（2）映射性:数字虚体到物理实体、物理实体到数字虚体的数据、状态、行为具备双向映射性。

(3) 反馈性:CPS的状态感知和精准执行之间、实时分析和科学决策之间、实体系统和数字孪生之间均具备实时的计算和反馈特性。

4) 科学决策

依据实时与历史数据综合分析,对制造过程当前状态以及未来演变趋势进行判断与预测,基于领域知识形成最优决策来对物理实体进行控制。重点依托工业大数据进行深度分析挖掘,获取工业大数据中蕴含的关联关系、因果关系等;融合领域数据知识、机理知识与经验知识,实现知识累积、自学习与自优化;基于多源知识关联推理实现生产制造过程综合优化决策,提升制造过程繁杂物理实体协同配置效率与水平。主要特性如下:

(1) 知识性:科学决策以知识自学习、自优化、自决策为重要特征,基于制造领域机理知识、经验知识、数据知识的高效产生、获取、融合、学习、优化,以多源知识关联推理为重要手段,实现制造过程综合优化智能决策。

(2) 有效性:科学决策能有效提升制造资源配置效率与水平,实现复杂制造过程效率、成本、能耗、质量等综合优化。

5) 闭环迭代

从产品全生命周期流程出发,刻画数字主线(也可称作数字纽带、数字线程),实时反映数据间的耦合关系;支撑CPS进行动态调整决策并不断演进;决策结果可以实现从数字虚体向物理实体的反演、物理实体向数字虚体的反演,从而相互指导与验证,实现业务价值提升。主要特性如下:

(1) 耦合性:描述物理实体之间的数据传递、转换、交互、集成的耦合作用规律。

(2) 动态性:CPS决策控制具有动态性,可满足自适应、自演进的要求。

(3) 反演性:实现数字虚体到物理实体、物理实体到数字虚体的双向指导与相互验证。

6) 容错健壮

CPS在运行过程中可能会受到外界很多不确定性因素的干扰,比如环境噪声、天气等,系统本身也可能出现不可预测的情况,比如硬件失效、数据延迟、数据丢失等。为保证系统能在一定时间内稳定工作,系统应具有一定的抗干扰、处理异常情况的能力,在出现不影响功能运行故障的情况下,仍能正确地执行预定的功能。主要特性如下:

(1) 可靠性:CPS的每个组件(和组件系统)必须具备足够低的错误率使得CPS总体能够达到足够可靠的系统级别。

(2) 可用性:在一段约定的时间内正确执行其功能的能力。

7）弹性扩展

面对实际应用中多样性的需求和随系统的发展变化导致的功能变更，系统功能可定制，组件可灵活加入系统，且系统结构可在运行时根据环境的变化动态调整。主要特性如下：

（1）定制性：用户指定的功能可通过定制或对系统的配置添加到系统中，满足个性化需求。

（2）扩展性：允许已部署或者正在运行的系统加入新的功能或者组件，实现系统结构和所提供服务的动态调整。

8）安全可信

建设CPS，应积极贯彻落实国家网络安全和信息化战略部署，优先采用安全可信的软硬件产品。主要特性如下：

（1）安全性：包括环境安全、网络安全、主机安全、应用安全、数据安全、安全管理、互操作安全、业务安全、物理安全。

（2）可信性：系统在提供服务时，能对使用者提供可信的服务能力。

9）价值创造

基于硬件、软件、网络、工业云等一系列工业和信息技术构建起的智能系统的最终目的是实现价值创造。价值创造主要体现在可制造性预测、视觉化交互（引导）、行为辨识、仿真建模、工业视觉检测、柔性制造、个性化定制、协同研发、集群监控、预测性维护、模式创新等方面，同时对比传统运营模式，能够提升运营效率，降低运营成本，在经济效益层面降本增效。主要特性如下：

（1）经济性：CPS面向不同的用户角色，在系统搭建、部署、使用、运营、维护等方面的节约化，同时也是不同的用户角色在对比传统运营方式时降本增效的经济需求。

（2）创新性：CPS利用其基于数据自动流动的状态感知、实时分析、科学决策、精准执行的闭环赋能体系，实现商业模式创新、生产制造创新、应用服务创新等。

3. CPS用户视图

（1）CPS活动：CPS活动定义为一组特定任务的集合。CPS活动需要有一个目标，并能交付一个或多个结果。CPS的活动通过功能组件来实现。

（2）角色和子角色：角色是一组具有共同目标的CPS活动参与者的集合。CPS定义了三个主要角色。

① CPS用户方：使用CPS业务的参与方。

② CPS提供方：开发、运营、集成CPS，为CPS提供资源，并进行安全和风险

管理的参与方。

③ CPS 关联方：为 CPS 提供服务审计、检测认证、服务监管的参与方。

子角色是某个指定角色的 CPS 活动参与者的子集。某个角色的 CPS 活动能被该角色下不同的子角色所共享。

4. CPS 功能视图

功能视图是构建 CPS 业务活动所必需的应用及应用组件。功能视图描述了支撑 CPS 业务活动所必须实现功能的分布。

功能视图涵盖了以下概念：① 功能组件；② 功能域。

图 10-3 展示了功能域和功能组件的概念。

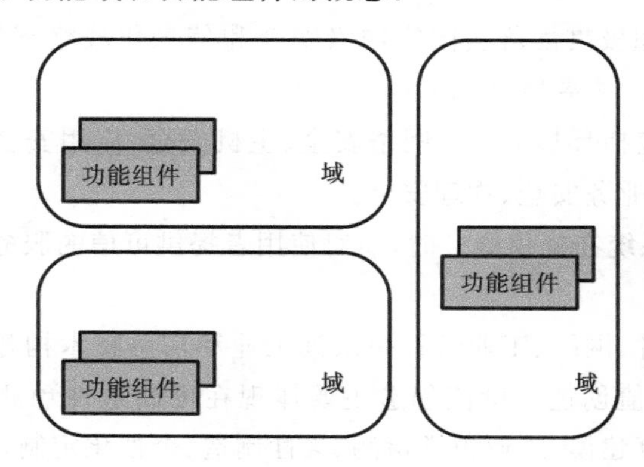

图 10-3 功能视图

1）功能组件

功能组件是参与某一业务活动所需的，是支撑某一或一类业务活动的功能构件。CPS 的功能完全由一组已实现的功能组件所定义。

2）功能域

域是一组提供类似功能或服务于共同目标的功能组件的集合。

CPS 定义了 3 个不同的域：

(1) 融合域：主要功能包括感知物理环境和物理实体的状态，执行控制逻辑和驱动以产生所需的物理影响。

(2) 核心功能域：主要功能是对 CPS 的支撑和管理，以保障 CPS 高效、可靠和安全运行。

(3) 安全域：应用与控制有关的安全策略来降低 CPS 环境中的安全威胁。安全域包括所有支持 CPS 所需的安全工具。

5. CPS 实现视图

虽然本书详细描述了用户视图和功能视图，但是实现视图不在本书的范围之内。

6. CPS 部署视图

虽然本书详细描述了用户视图和功能视图，但是部署视图不在本书的范围之内。

10.1.3　用户视图

1. 角色、子角色和 CPS 活动概述

CPS 的核心是分布式服务及服务交付。据此将所有 CPS 相关的活动分为三组：使用服务的活动、提供服务的活动和支撑服务的活动。

本章描述一些常用的与 CPS 相关的角色和子角色。值得注意的是：在任意给定的时间点，一个参与方可承担多个角色。当承担一个角色时，参与方可限制其只承担该角色的一个或多个子角色。对于给定角色，子角色是其 CPS 活动的子集。如图 10-4 所示，CPS 的角色包括 CPS 用户方、CPS 提供方、CPS 关联方。

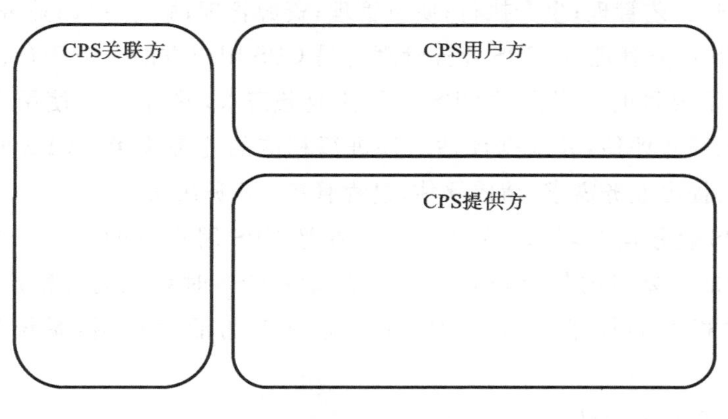

图 10-4　CPS 角色

图 10-5 展示了 CPS 的角色及其包含的子角色，后续将详细描述图中的每一个子角色。

2. CPS 用户方

1）角色

为使用 CPS，CPS 用户方与 CPS 提供方建立业务关系。CPS 用户方也可出于各种原因与 CPS 关联方建立业务关系。

（1）CPS 使用者：CPS 使用者是 CPS 用户方的一个子角色。CPS 使用者是自然人，或代表该自然人的实体。CPS 使用者负责操作 CPS 的功能模块，为业务执行提供参考、指导和防错。CPS 使用者的活动包括：产品设计；数字仿真；测试试

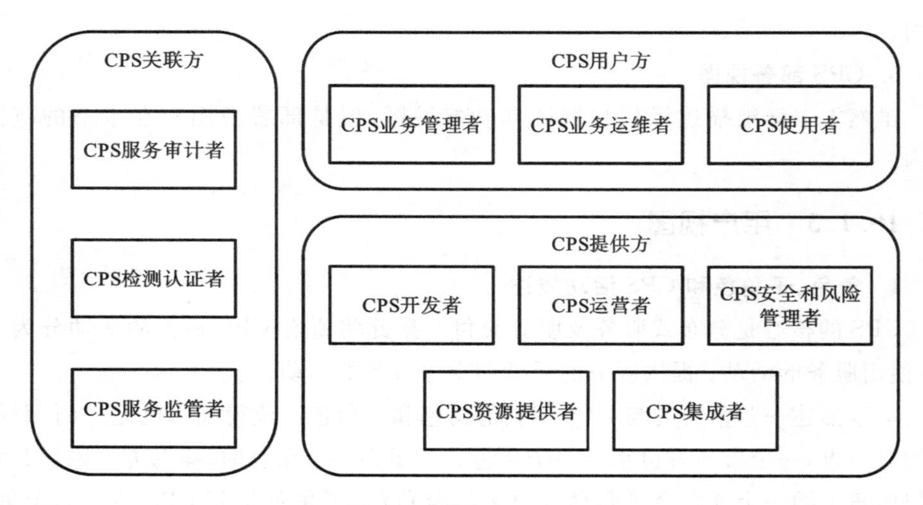

图 10-5 角色和子角色

验;生产规划;工艺管理;生产执行;质量管理;资源管理;服务保障;业务协同。

(2) CPS 业务管理者:CPS 业务管理者是 CPS 用户方的一个子角色。CPS 业务管理者的主要目的是提出对 CPS 的具体业务需求,并对 CPS 使用者的活动进行过程管控、绩效评估,并根据评估结果进行相应的业务决策。CPS 业务管理者的活动包括:提出业务需求;绩效评估;过程管控; 业务决策。

(3) CPS 业务运维者:CPS 业务运维者是 CPS 用户方的一个子角色。CPS 业务运维者的主要目的是保证 CPS 使用者使用 CPS 时系统运行稳定,并为 CPS 使用者提供相关的技术支撑。CPS 业务运维者的活动包括:系统运维;技术支撑。

2) CPS 用户方活动

与 CPS 用户方的子角色相关的 CPS 活动如图 10-6 所示。

(1) 产品设计:指根据产品在制造、使用、售后和回收拆解环节采集的用户反馈和生产反馈数据,形成数字化产品模型,以此设定和完善产品功能要求、性能指标和可制造性,调整产品 BOM 结构。

(2) 数字仿真:指在产品开模及试制前,对数字化产品模型进行电气性能仿真、结构力学仿真、人体工程学仿真和生产工艺仿真,预先评估产品的指标符合度。

(3) 测试验证:指在产品正式生产前,一方面通过 CPS 采集试验过程数据完善数字孪生模型,另一方面通过数字孪生模型指导调整产品试制过程中的加工参数。

(4) 生产规划:指将人、机、物等 CPS 数字孪生模型组合起来形成完整的数字

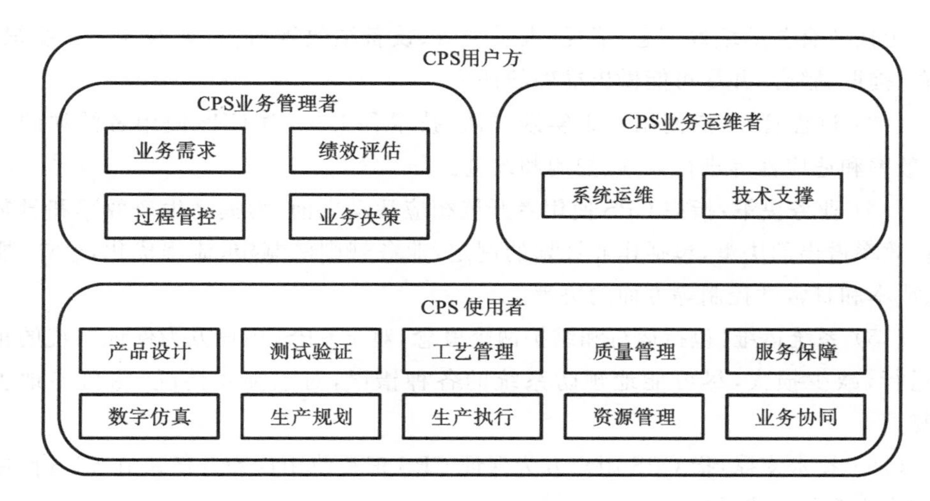

图10-6　与CPS用户方的子角色相关的CPS活动

化工厂模型，对生产线、车间、厂房和园区进行布局设计和生产过程仿真。

(5) 工艺管理：指通过对测试验证和生产执行过程数据的采集形成数字化工艺模型，通过数字仿真设定和完善产品批量生产所需的工艺流程、加工参数、标准工时和资源规格。

(6) 生产执行：指一方面通过CPS采集生产过程中的人、机、物的状态数据和事件信息，形成数字化制程模型并进行可视化呈现，协助管理人员决策；另一方面通过调整数字孪生模型控制物理设备，实现调度和防错。

(7) 质量管理：指通过CPS采集的质检数据形成数字化质量模型，以此评价质量状况，完善质量标准，指导质量计划的制定。

(8) 资源管理：指通过CPS采集人、机、物的状态数据和事件信息，掌握制造资源占用情况和利用效率，以此指导物料齐套、设备维保、人员培训并解决资源冲突。

(9) 服务保障：指借助CPS远程采集产品运行数据，形成数字化产品使用模型，以此远程诊断产品异常和预测故障，制定产品售后服务计划，指导维护实施。

(10) 业务协同：指各企业通过工业互联网平台共享数字孪生模型（工业机理模型），实现异地并行设计、区域制造资源优化配置、仓储物流服务商协同和售后服务商协同。

(11) 业务需求：指针对企业自身所需，解决企业自身所面临的问题，并将利益最大化。

(12) 绩效评估：指运用科学的方法、标准和程序，对CPS使用者的活动主体与评定任务有关的绩效信息(能耗、人员绩效、设备绩效等)进行观察、收集、组织、储存、提取、整合,并尽可能做出准确的评价。

(13) 过程管控:指使用一组实践方法、技术和工具,对 CPS 使用者活动的效果、效率和适应性等进行策划、控制和改进。

(14) 业务决策:指在 CPS 使用者开展相应活动之前,为提高生产效率和日常工作效率做出的决策,包括作业计划的制定,业务规则的制定,流程优化,生产、质量、成本和日常性控制等方面的决策。

(15) 系统运维:包括运行和维护两个概念,对于 CPS,用户方为保证系统的正常运行,减少损失,尽可能地预防系统的各种错误,对于突发情况,尽可能地去修复。

(16) 技术支撑:指 CPS 用户方为保证 CPS 正常使用诊断并解决在 CPS 使用过程中出现的技术故障。

3. CPS 提供方

1) 角色

CPS 提供方为 CPS 用户方提供 CPS 产品及相关服务。该角色(及其所有子角色)提供 CPS 开发、集成、运营、安全、相关资源等产品及服务。

(1) CPS 开发者:CPS 开发者是 CPS 提供方的子角色,负责 CPS 的需求分析、总体规划、系统设计、系统开发、测试验证等有关系统的所有开发过程和流程,确保所有的设计和开发满足目标要求。CPS 开发者的活动包括:需求分析;总体规划;系统设计;系统开发;测试验证。

(2) CPS 集成者:CPS 集成者是 CPS 提供方的子角色,通过集成设计、定制开发、系统部署、调试优化、现场服务等活动,将各个分离的设备、软件、功能等集成到统一的系统,并保障系统的正常运行,满足用户业务需求。CPS 集成者的活动包括:集成设计;定制开发;系统部署;调试优化;现场服务。

(3) CPS 运营者:CPS 运营者是 CPS 提供方的子角色,通过运行管理、运维管理、安全风险管理、优化管理等活动,确保所有的服务和相关的基础设施满足运营目标要求。CPS 运营者的活动包括:运行管理;运维管理;安全风险管理;优化管理。

(4) CPS 资源提供者:CPS 资源提供者是 CPS 提供方的子角色,负责提供 CPS 开发、部署,以及运营所需的资源,包括网络资源、计算资源、中间件、通用工具、算法模型,以及数字孪生体。

(5) CPS 安全和风险管理者:CPS 安全和风险管理者是 CPS 提供方的子角色,负责在执行 CPS 提供方的所有运营过程和流程中,确认 CPS 中各类基础网络、处理的数据和信息，并根据其可能存在的软硬件缺陷、系统集成缺陷等，识别运营过程和流程中安全管理潜在的薄弱环节，控制、降低、缓解因此产生的不同危害。CPS 安全和风险管理者的活动包括：定义安全风险；管理安全策略；评估信息安全；保障信息安全。

2) *CPS 提供方活动*

与 CPS 提供方的子角色相关的 CPS 活动如图 10-7 所示。

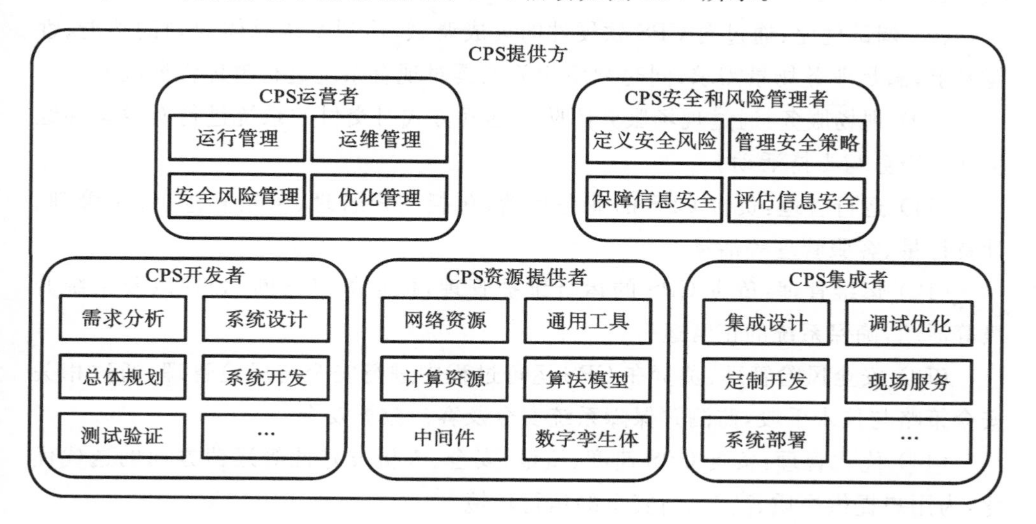

图 10-7 与 CPS 提供方的子角色相关的 CPS 活动

(1) 需求分析：系统提供方在 CPS 设计之前和设计、开发过程中对用户需求所做的调查与分析，是系统设计、系统完善和系统维护的依据，主要了解需求的目标用户、适用场景、行为路径等。

(2) 总体规划：从行业背景出发，结合自身特点，针对应用模式、层次结构、安全体系等方面开展与 CPS 建设相关的整体体系设计，对具体需求、资源配给、建设周期、建设平台、人员支持、目标考核进行合理规划，为 CPS 的开发设计提供保障。

(3) 系统设计：系统开发者对 CPS 总体技术进行架构设计、详细功能设计、应用场景设计等，以保证各个系统功能模块合理划分，满足系统设计、实现、应用要求。

(4) 系统开发：系统开发者通过构建集成开发环境、应用开发工具、开发应用软硬件、开放应用接口、共享数据资源等，支持开发人员快速实现应用的开发与部署，构建产业生态。

(5) 测试验证：对 CPS 的开发、设计和实现中的关键要素进行测试验证，用于指导不同场景、不同行业 CPS 技术的实现。

(6) 集成设计:对 CPS 各类设备、子系统、软件、数字孪生体之间的接口、协议等进行设计,实现 CPS 的交互功能。

(7) 定制开发:根据实际业务场景需求,在现有的系统、软件上进行针对性修改或功能扩展,实现不同行业、不同场景特定应用。

(8) 系统部署:根据部署环境,定义部署流程,通过部署操作实现物理信息系统的软硬件系统现场安装,从而使系统具备调试条件。

(9) 调试优化:通过对 CPS 软硬件的集成调试,达到系统总体规划的功能、性能要求,满足业务场景需求;同时利用相关工具对现有系统进行整体性能提升。

(10) 现场服务:通过现场服务团队或远程方式对交付的系统进行有效率和经济性的服务与支持活动。

(11) 运行管理:负责 CPS 的业务运营,包括用户管理、营销管理、订单管理、计费计量、客服管理等活动。

(12) 运维管理:负责 CPS 的运行维护管理,包括故障诊断、处理以及系统升级等活动,确保系统的正常运行。

(13) 安全风险管理:负责在 CPS 运行过程中进行安全与风险管理,通过相关安全策略与技术手段,监测并保障系统安全及客户数据安全。

(14) 优化管理:负责 CPS 速度、质量、安全、人机友好性等运营方面的迭代优化,为用户提供高质、高效、高安全的运行环境。

(15) 网络资源:网络资源活动为 CPS 提供必要的网络环境,为数据、信息,以及知识的互通传递提供基础设施。该活动包括:提供基础网络架构,CPS 开发者或集成者可以根据此基础网络架构设计、定制化运行 CPS 的网络环境;提供基础网络硬件与软件,硬件包括但不限于交换机、路由器、网线,软件包括但不限于防火墙、负载均衡器;提供所分配网络资源的管理权限,让 CPS 开发者与集成者能够根据不同客户的需求优化配置网络资源。

(16) 计算资源:计算资源活动为 CPS 提供必要的计算资源,支持 CPS 开发者与集成者完成需要进行计算的活动。该活动包括:提供处理能力、存储能力等基本计算资源,支持 CPS 开发者、集成者进行 CPS 的开发与部署;提供对所分配的计算资源的管理权限,支持 CPS 开发者、集成者对不同的开发、集成活动面向不同客户进行优化配置。

(17) 中间件:中间件活动为 CPS 连接操作系统与应用软件,以便 CPS 中部署在一台或多台设备上的服务可以通过网络进行交互。该活动包括:提供应用服务的运行环境,满足 CPS 大量应用运行的需要;提供运行于不同硬件和操作系统的能力,满足 CPS 在异构系统中部署的需要;支持分布式计算与部署,以满足 CPS

非中心化部署的需求。

(18) 通用工具:通用工具活动为CPS提供通用的开发、集成工具,以便提升CPS开发、集成的效率与质量。该活动包括:提供数据采集与智能物联的硬件与配套的管理软件;提供数据建模、模拟仿真、机理分析的集成开发环境(IDE)与计算机仿真辅助工具。

(19) 算法模型:算法模型活动为CPS提供支持业务应用的算法模型开发、部署与管理的服务。该活动包括:根据CPS开发者或集成者需求,提供算法模型开发能力,为CPS的开发与集成提供建模服务;提供对行业中典型对象的成熟模型的调试与部署服务;提供对算法模型的生命周期管理服务,保证算法模型的性能与效果;提供典型工业场景算法建模的模板与案例,帮助CPS开发者与集成者建模或者定制化建模。

(20) 数字孪生体:数字孪生体活动为CPS提供创建、管理数字孪生体的服务。该活动包括:提供对数字孪生体的创建服务;提供对数字孪生体的定制化部署与调试服务;提供对数字孪生体的生命周期管理服务。

(21) 定义安全风险:对CPS中各类基础网络、处理的数据和信息,根据其可能存在的软硬件缺陷、系统集成缺陷等,以及CPS安全管理中潜在的薄弱环节,定义其导致的不同危害程度。

(22) 管理安全策略:对CPS中有关管理、保护系统安全的法律、规定和实施细则进行管理。

(23) 评估信息安全:对信息物理系统中固有的或潜在的危险及其严重程度进行分析与评估,并以既定指数、等级或概率值、特征做出定性定量的表示。

(24) 保障信息安全:CPS安全保障是在CPS的整个生命周期中,通过对系统风险的分析,制定并执行相应的安全策略,从技术、管理、工程和人员等方面提出安全保障要求,确保CPS的安全性。

4. CPS关联方

1) 角色

CPS关联方是一个或一组自然人或法人,是独立于CPS用户方和CPS提供方的第三方。一个关联方可承担多个角色,也可承担某个角色活动的指定子集。

(1) CPS服务审计者:CPS服务审计者是CPS关联方的子角色,负责CPS的审计,对CPS是否能够保护资产的安全、维护数据的完整、使被审计单位的目标得以有效实现、使组织的资源得到高效使用等方面做出判断。

(2) CPS检测认证者:CPS检测认证者是CPS关联方的子角色,负责对CPS进行各种检测并出具认证,使用特定的方法检测CPS的性能指标或进行强制性的合格评定。

(3) CPS 服务监管者:CPS 服务监管者是 CPS 关联方的子角色,负责对 CPS 服务进行监管,提示风险,监督改进。

2) CPS 关联方活动

与 CPS 关联方的子角色相关的 CPS 活动如图 10-8 所示。

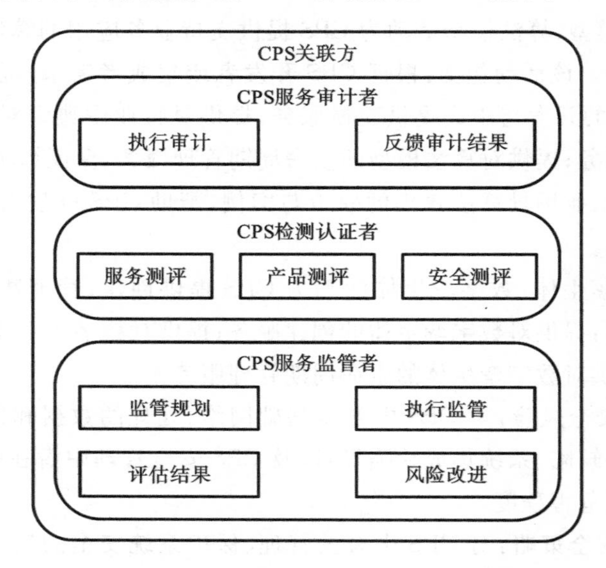

图 10-8 与 CPS 关联方的子角色相关的 CPS 活动

(1) 执行审计:对 CPS 项目信息安全、系统稳定性以及系统的有效性等方面进行审计。

(2) 反馈审计结果:对执行审计的结果出具审计报告。

(3) 服务测评:从集成性、兼容性、可扩展性以及协同服务等各维度进行测评。

(4) 产品测评:从 CPS 的可用性、可靠性等方面对 CPS 产品进行测评。

(5) 安全测评:对物理安全、数据安全、网络安全、主机安全、互操作安全、集成安全、协同安全、应用安全、业务安全等多个层面进行测评。

(6) 监管规划:根据 CPS 的监管和业务要求,制定监管工作的整体部署以及发布监管计划。

(7) 执行监管:基于监管规划的部署分步执行监管计划。

(8) 评估结果:根据执行监管的结果定期出具监管报告。

(9) 风险改进:针对风险点给出风险改进建议,督促风险点的改进。

10.1.4 功能视图

CPS功能结构用一组高层的功能组件来描述CPS。功能组件代表了为执行描述的与CPS相关的各种角色和子角色的CPS活动的功能集合。

功能结构通过分域框架来描述组件。在分域框架中，特定类型的功能被分组到各域中，相邻域的组件之间通过接口交互。

1. 功能视图结构

功能视图结构包括3个域，分别是：① 融合域；② 核心功能域；③ 安全域。

功能视图结构如图10-9所示。

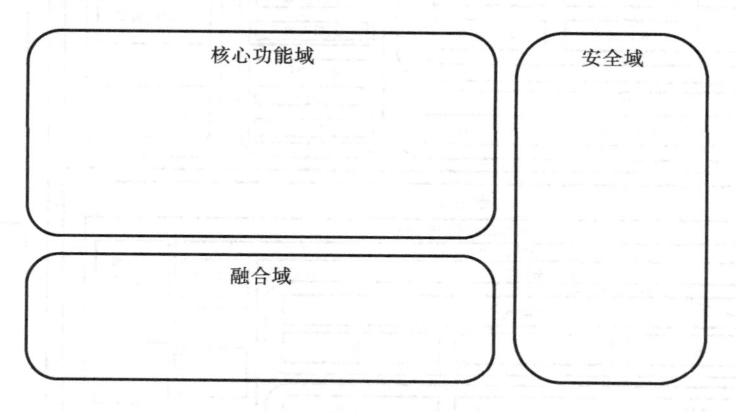

图10-9 CPS功能视图结构

（1）融合域：融合域划分为单元级、系统级、SoS级三个层次。单元级CPS可以通过网络组成更高层次的CPS，即系统级CPS；系统级CPS可以通过网络和平台构成SoS级的CPS。

（2）核心功能域：核心功能域负责连接融合域与安全域，从这些域中收集数据，将数据转换为信息，并对信息进行分析，以获得关于操作的全局范围的洞察力，实现全局范围内自动或自主地编排或协调CPS，从而使操作具有更好的有效性和更高的效率。同时系统域通过数据利用、业务应用实现面向不同用户角色的应用价值。核心功能域包括：数字孪生子域；数据子域；应用子域；业务子域。

（3）安全域：CPS安全域依据CPS三个层次来进行划分，即针对单元级、系统级、SoS级将CPS安全需求分为基础安全、业务安全、平台安全及安全管理。

2. 功能组件

本小节从CPS功能组件通用集的角度描述CPS参考结构。一个功能组件是CPS的一个功能元素，用来执行一个活动或活动的一部分。功能组件在具体的参考结构实现中有相应的实现构件。图 10-10 展示了使用划分域的方式组织的对 CPS 组件的高层次概述。箭头代表信息流动情况。

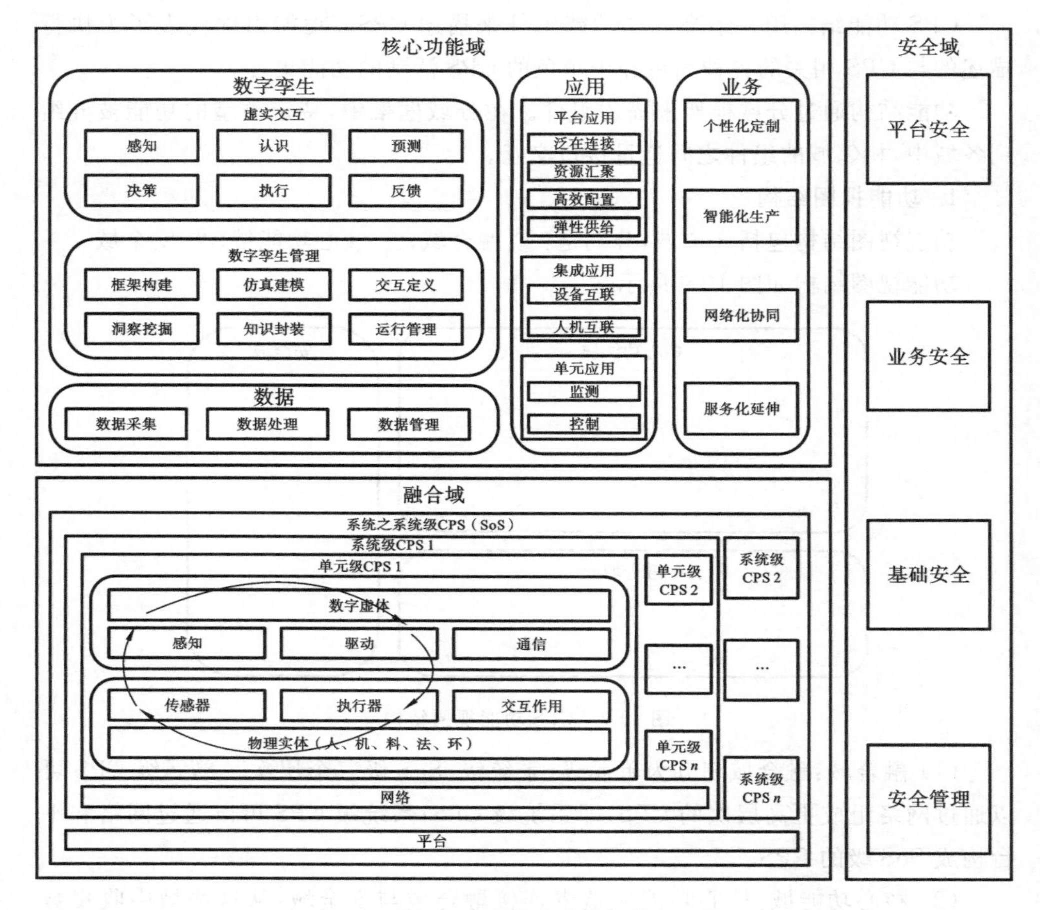

图 10-10 CPS 功能组件

1）融合域功能组件

(1) 单元级 CPS 子域。

单元级 CPS 具有不可分割性，单元级 CPS 能够通过物理硬件、自身嵌入式软件系统及通信模块，实现在设备工作能力范围内的资源优化配置。

① 物理实体功能组件：物理实体功能组件的功能包括感知物理环境和物理实体的状态，执行控制逻辑和驱动以产生所需的物理影响。某些 CPS 可能只执行这些高层功能中的部分功能，比如感知或报告观测到的物理特性。一个完整的 CPS 通常包括全周期的四个高层功能——感知、控制、执行和动作，形成闭环控制，以产生所需的物理影响。

② 传感器功能组件：CPS中的传感器用于获取人、设备、物料和环境等物理空间内的信息和数据。物理装置能够通过传感器监测、感知外界的信号和物理条件（如光、热）或化学组成（如烟、雾）等。

③ 执行器功能组件：CPS中的执行器是物理实体中接收控制信息并对受控对象施加控制作用的装置，执行器能够接收控制指令，根据计算结果实现对物理实体的控制与优化。

④ 交互作用功能组件：CPS之间的交互可以通过物理对象之间的物理交互来实现。

⑤ 数字虚体功能组件：数字虚体域通过集成先进的信息技术和自动控制技术，在信息空间中实现物理空间中人、机、物、环境、信息等要素相互映射、适时交互、高效协同等功能，保障系统内资源配置和运行的按需响应、快速迭代、动态优化。虚体具备了可感知、可计算、可交互、可延展、自决策的功能，通过在信息空间中对物理实体的身份信息、几何形状、功能信息、运行状态等进行描述和建模，在虚拟空间可以映射形成一个最小的数字化单元。

⑥ 感知功能组件：感知是对物理空间的数字化，通过各种芯片、传感器等智能硬件实现生产制造全流程中人、设备、物料、环境等隐性信息的显性化，是CPS实现实时分析、科学决策的基础，是数据闭环流动的起点。

⑦ 驱动功能组件：驱动是在数据采集、传输、存储、分析和挖掘的基础上做出的精准执行，体现为一系列动作或行为，作用于人、设备、物料和环境，常用的驱动功能组件有分布式控制系统（DCS）、可编程逻辑控制器（PLC）。

⑧ 通信功能组件：CPS之间的交互可以通过各自信息组件之间的逻辑通信来实现。

（2）系统级CPS子域。

在单元级CPS的基础上，通过引入网络，可以实现系统级CPS的协同调配。在这一层级上，网络至关重要，以确保多个单元级CPS能够交互协作。

单元级CPS通过现场总线、工业以太网等网络通信方式集成起来，实现数据在信息空间与物理空间不同环节的流动。

（3）SoS级CPS子域。

SoS级CPS是在系统级CPS的基础上，通过构建平台，实现系统级CPS之间的协同优化，实现更大范围内的资源优化配置，避免资源浪费。

CPS平台将多个系统级CPS工作状态统一监测、实时分析、集中管控，利用数据融合、分布式计算、大数据分析技术对多个系统级CPS的生产计划、运行状态、寿命估计进行统一监管，实现企业级远程监测诊断、供应链协同、预防性维护。

2) 核心功能域功能组件

(1) 数字孪生子域。

数字孪生子域主要为CPS提供虚体与实体交互的功能,包括感知、认知、预测、决策、执行和反馈,为融合域提供交互通道和交流机制,以及为了实现其交互功能所必须具备的数字孪生管理功能,包括框架构建、仿真建模、交互定义、洞察挖掘、知识封装与运行管理,协同数据域的数据采集、数据处理与数据管理功能,支撑交互功能的创建、配置与运行。

① 虚实交互功能组件。

● 感知:对外界数据的获取。通过传感器、物联网等数据采集技术,将能够反映所关心的物理实体状态的数据传递到信息空间,显性化实体的状态。

● 认知:将数据转化为对实习系统的洞察。这里的洞察,指的是对原始数据赋予意义,发现物理实体状态在时空和逻辑上的内在因果性或关联性关系,从而实现对实体系统当前的状态进行辨别、确认,为后续的预测、决策、执行等活动提供依据。在此步骤中,在专家知识输入数据不够丰富的情况下,也能够提升认知的准确性。

● 预测:在现有信息的基础上,依照一定的方法和规律对未来进行分析、评估、测算,以预先了解系统发展过程与结果。

● 决策:基于异构系统数据的流动与知识的分享,通过数据、模型和知识,以人机交互的方式辅助系统使用者进行业务决策。

● 执行:通过控制器、执行器等机械硬件,将决策信息转化成能够控制设备与机器的信号,实现从信息空间到物理空间的回路连接,将信息转化为行动。

● 反馈:将系统的输入返回到输出端,使系统针对执行的结果,及时恰当地做出响应。利用反馈可以纠正偏差,并不断优化系统,从而促进有效控制和调节。

② 数字孪生管理功能组件。

● 框架构建:将数据资源进行多维抽取与处理形成数据链(亦称为数字主线、数据主线),基于数据链构建多维融合数字孪生框架,实现物理、数据、模型与服务的融合,生成数字孪生图谱。

● 仿真建模:建立虚拟仿真、多学科仿真、半物理仿真等仿真模型,充分模拟产品性能指标、产品使用状况、生产线运行状态、试验测试行为等。构建统一建模语言与方法,对机理模型、数据模型、行业知识等多模态模型和知识进行深度融合,实现虚实同步混合仿真、对比分析、嵌入分析和动态分析。

● 交互定义:设计数字孪生接口与互操作规范,定义数字孪生间的相互逻辑关系,实现多数字孪生体协同与处理。

● 洞察挖掘：提供对特征信息的预测性建模与相关性挖掘。

预测性建模：利用基于机理的、统计、机器学习等建模技术，建立基线模型，预测未来趋势，并判断发展模态。

相关性挖掘：利用数据挖掘技术，分析信息中的相关性，建立对实体系统的新认知。

● 知识封装：提供为 CPS 可持续地积累知识的功能。这些知识包括但不限于故障模式、故障阈值判断标准与分析模型。知识封装应包括以下部分。

知识结构建立：将洞察挖掘功能组件的输出进行逻辑组织。

知识生命周期管理：实时根据专家知识、模型迭代更新知识结构。

● 运行管理：依据配置管理要求，基于数字孪生框架逐步装载数据链、模拟仿真模型、多模态模型等，支撑运行动态变化，实现虚实同步和虚实映射。

（2）数据子域。

数据子域为核心功能域的一个重要组成部分，其功能是连接融合域、数字孪生子域、业务子域和场景子域，通过融合域、数字孪生子域、业务子域和场景子域的协同工作，为整个功能视图的数据采集、数据处理、数据管理提供支撑，是 CPS 实现基于数据自动流动的状态感知—实时分析—科学决策—精准执行的闭环赋能体系的关键子域。

① 数据采集功能组件：通过传感器、物联网等泛在感知技术，将蕴含在物理实体、异构系统中的数据不断地传递并汇聚到信息空间。数据采集需满足泛在、可靠、实时、高效的性能要求。通过无线传感网、自组网、窄带物联、蜂窝通信等异构无线网络与工业以太网、骨干网等有线网络的互联融合，构建支持泛在接入的数据采集网络；通过优化制造混杂干扰环境中感知节点的部署配置，实现可靠精准数据感知；通过实时以太网、时间敏感网络、高速协议转换网关等新型网络传输技术，实现多源异构数据跨异构网络实时传输；通过部署边缘计算模块，实现数据在生产现场的轻量级运算和实时分析，缓解数据传输、存储压力并实现高效数据汇聚。

② 数据处理功能组件：数据处理功能组件支持 CPS 中数据预处理与特征工程。该功能组件既可以运行在云端或中心服务器上，也可以运行在分布式节点或边缘端。数据处理功能组件应包括以下部分。

● 数据预处理：提供数据预处理能力，包括但不限于数据分割、数据平滑、数据过滤。

● 特征工程：提供特征提取与特征选择的能力，为建模后面的挖掘洞察组件提供能够反映实体故障模态及其发展趋势的信息。

③ 数据管理功能组件：数据管理是专注于企业数据资产构建、质量提升与智

能应用的一套数据管理机制，能够消除数据的不一致性，建立规范的数据应用标准，提高数据质量，实现数据广泛共享，并能够将数据作为资产应用于业务、管理、战略决策，发挥数据资产的商业价值。数据管理功能组件通常需具备以下能力：元数据自动采集、存储、管理和应用能力，方便用户了解数据特性并发现数据潜在问题的数据探查能力，对有质量问题数据的清洗与修正能力，对异构数据的集成能力，对各类工业数据的可视化展现能力，等等。

(3) 应用子域。

CPS的应用子域能获取数据组件的信息，基于特定的目标、规则、模型处理这些数据，以编配或协调CPS的活动，从而实现更好的操作效果和更优的工作效率。应用组件也可与业务组件进行交互，以完成CPS需要实现的业务层活动。应用子域的功能组件包括：平台应用功能组件、集成应用功能组件、单元应用功能组件。

① 单元应用功能组件：单元级应用是CPS中颗粒度最小的应用，一般由单个设备与上位软件组成。该部分应用仅实现设备内部的感知、分析、决策与执行功能，一般用于完成单个工序或可程序控制的连续工艺流程，对加工、检测或转运等过程进行实时监测和控制。

● 监测：监测对象包括人员动作、设备状态、生产过程中产生的物理效果等，通过传感器、标签识别器、视觉等手段对其进行数据采集和解析，从中获得物理空间的相关数据，并将其与CPS单元中预设的基准进行对比和呈现，以此确定实体和过程相对质量技术指标的合规性。

● 控制：基于监测结果，依照可编程的逻辑规则动态生成相应的控制指令，并通过驱动程序转化为设备电信号，驱动执行机构实现相应的物理效果，并对变化做出自我调适，确保过程按照既定程序进行，达成质量技术指标。

② 集成应用功能组件：CPS集成级应用是指通过工业现场总线、工业以太网等工业网络，将多个单元级CPS进行集成并实现互联互通和互操作，构成智能产线、智能车间、智能工厂等，实现更大范围、更多功能的集成应用，进一步提高制造资源优化配置的广度、深度和效率。

● 设备互联：通过不同接口和通信协议，对数控机床、热处理设备、机器人、AGV、自动化立体仓库、测量测试设备等各类数字化设备与设施进行互联互通，实现设备状态、运行参数等数据的采集、分析、决策与控制，实现设备网络化、协同化、高效化的生产与管理模式。

● 人机互联：通过数字化、网络化技术与MES等信息化系统，实现人与人、人与机器之间的信息共享与交互，实现协同、高效、柔性的生产与服务。

③ 平台应用功能组件：平台级应用是指通过大数据平台，实现多个集成级

CPS跨系统、跨平台的互联互通和互操作，促进多源异构数据的集成、交换和共享的闭环自动流动，在全局范围内实现信息全面感知、深度分析、科学决策和精准执行。

- 泛在连接：通过平台，实现各CPS间跨系统、跨平台的泛在感知、互联互通，为后续应用提供丰富的资源能力基础。
- 资源汇聚：在平台上汇聚各类CPS资源，实现资源的快速配置。
- 高效配置：平台为供需双方提供交易、订单、资源的高效配置。
- 弹性供给：平台根据供给量和需求量的变化，实时调整平台上资源的供给和需求状况。

（4）业务子域。

CPS业务子域指明了企业可以在哪些业务领域应用CPS，主要包括：个性化定制、智能化生产、网络化协同、服务化延伸等。

① 个性化定制：个性化定制功能组件是指企业将用户需求直接转化为生产排单，实现以用户为中心的个性化定制与按需生产，有效满足市场多样化需求，解决制造业长期存在的库存和产能问题，实现产销动态平衡。企业通过CPS体系实现设计、生产、应用、管理的纵向集成，实现订单管理、智能化制造、定制平台等，通过对数据的挖掘、分析，以虚实结合的方式实现低成本、高效率、高质量和个性化的精准匹配、营销推送、流行预测等高级的功能，从而降低物流和库存成本，增大产品的用户匹配度，降低生产资源投入的风险。

② 智能化生产：智能化生产功能组件是指利用工业互联网、大数据和数字孪生技术对生产流程进行智能化改造，实现数据的跨系统流动、采集、分析与优化，完成设备性能感知、过程优化、智能排产等智能化生产方式。企业采用基于CPS的智能控制生产线框架，从资源层、资源组织管理层、资源服务层、应用层实现虚实交互，实现网络化互联、分段化建模、模块化服务、个性化定制的流程，从而有效地实现对生产线的智能化闭环控制。

③ 网络化协同：网络化协同功能组件是指企业利用信息技术和网络技术，通过CPS体系将研发流程、企业管理流程与生产产业链流程有机地结合起来，形成一个协同制造流程，从而使得制造管理、产品设计、产品服务生命周期和供应链管理、客户关系管理有机地融合在一个完整的企业与市场的闭环系统之中，使企业的价值链从单一的制造环节向上游设计与研发环节延伸，企业的管理链也从上游向下游生产制造控制环节拓展，形成一个集成了工程、生产制造、供应链和企业管理的网络协同制造系统。企业借助CPS平台级应用，发展企业间协同研发、众包设计、供应链协同等新模式，能有效降低资源获取成本，大幅延伸资源利用范围，打破

封闭疆界,加速从单打独斗向产业协同的转变,促进产业整体竞争力提升。

④ 服务化延伸:服务化延伸功能组件是指企业通过在产品上添加智能模块,实现产品联网与运行数据采集,并利用大数据分析提供多样化智能服务,实现由卖产品向卖服务拓展,有效延伸价值链条,扩展利润空间。企业通过构建CPS体系下的智能化服务平台,以智能化服务为新的业务核心,实现由以传统的产品为中心向以服务为中心的经营方式的转变,减少资源、能源等要素的投入,更好地满足用户需求、增加附加价值、提高综合竞争力。

3) 安全域功能组件

根据CPS的特征,安全域包含了9类覆盖不同层级、粒度、范围的CPS资源对象的安全需求。其中环境安全、网络安全、主机安全、应用安全、数据安全、物理安全为基础安全需求;互操作安全、协同安全为业务安全需求;平台安全对应CPS跨系统交互、共享、汇聚等平台安全需求;安全管理对应CPS安全策略、指导、规范等安全管理需求。

(1) 基础安全功能组件。

① 环境安全。环境安全是指针对单元级的各类资产,实施物理访问控制、防盗窃和防破坏、防雷击、防火、防水和防潮、温湿度控制和电力供应等环境防护措施的一系列活动。

② 网络安全。网络安全指针对CPS中的各层次、不同边界的同/异构网络,通过结构安全检测、访问边界控制、协议验证、内容检测等措施,保护其完整性、可用性等重要安全属性。

③ 主机安全。主机安全指针对单元级的各类主机对象,通过身份鉴别、访问控制、入侵防范和恶意代码防范等措施,保护主机对象的完整性、可用性等重要安全属性。

④ 应用安全。应用安全指针对单元级的各类应用,通过身份鉴别、访问控制、代码检测、策略验证等措施,保护应用对象的完整性、可用性等重要安全属性。

⑤ 数据安全。数据安全指在单元级对不同粒度数据对象进行交换、存储、处理、分析的过程中,采取加密、泛化、加噪、备份等措施,保护数据对象的机密性、隐私性、可恢复性等重要安全属性。

⑥ 物理安全。物理安全指考虑信息-物理交互影响,协调信息空间和物理空间安全保障措施,保证单元级物理系统的规划和运行安全性。

(2) 业务安全功能组件。

① 互操作安全。互操作安全指在CPS的单元与单元之间,使用安全认证、标识融合、策略验证等措施,解决资源集成、过程调用、数据共享等活动中的安全策略

冲突、跨域证书、身份联合、多域授权等安全问题。

② 协同安全。协同安全指在CPS系统级业务执行过程中，单元与单元之间在操作过程、资源共享等各个协同环节的安全性。

(3) 平台安全功能组件。

平台安全指在产能交易、厂商增值等跨系统业务的执行过程中，CPS的系统与系统之间在跨系统交互、共享、汇聚、配置等各个平台整合环节的安全性。

(4) 安全管理功能组件。

安全管理指覆盖单元级、系统级、系统之系统级，为CPS不同粒度资源对象设置相应的安全策略，对各类安全措施进行指导、规范和管理，从而保护实体和虚拟资产的重要安全属性。

10.2 信息物理系统的术语

1. 一般概念

(1) 信息物理系统(cyber-physical systems)：通过集成先进的感知、计算、通信、控制等信息技术和自动控制技术，构建物理空间与信息空间中人、机、物、环境、信息等要素相互映射、适时交互、高效协同的复杂系统，实现系统内资源配置和运行的按需响应、快速迭代、动态优化。

(2) 单元级信息物理系统(unit level cyber-physical systems)：具有不可分割性的信息物理系统最小单元。典型的单元级信息物理系统有智能轴承、智能机器人、智能数控机床等。

(3) 系统级信息物理系统(system level cyber-physical systems)：通过工业网络使多个单元级信息物理系统互联互通和互操作。典型的系统级信息物理系统有智能生产线、智能车间、智能工厂等。

(4) 系统之系统级信息物理系统(system of system level cyber-physical systems)：多个系统级信息物理系统的有机组合。

(5) 实体(entity)：一个具有相同属性或特性的现实和抽象事物的集合。

(6) 虚体(virtual)：在信息空间中对物理实体的身份信息、几何形状、功能信息、运行状态等进行描述和建模，在虚拟空间中映射形成的最小数字化单元。

(7) 数字化(digitalization)：以数字形式表示(或表现)本来不是离散数据的数据。具体地说，也就是将图像或声音等转化为数字码，以便这些信息能由计算机系统处理与保存。在信息化时代，数字化已经变成代表信息化程度的重要指标。

(8) 异构集成(heterogeneous integration)：软件、硬件、网络、工业云等一系列

技术的有机组合构建了一个信息空间与物理空间之间数据自动流动的闭环赋能体系。异构集成能够为各个环节的深度融合打通交互的通道,实现数据在信息空间与物理空间不同环节的自动流动。

(9) 虚实融合(virtual-reality fusion):构筑数字虚体与物理实体之间的交互联动通道,将物理空间中的物理实体在信息空间进行全要素重建,形成具有感知、分析、决策、执行能力的数字孪生,实现物理实体与数字虚体之间的交互联动、虚实映射、虚实反馈。

(10) 科学决策(scientific decision-making):依据实时与历史数据综合分析,对制造过程当前状态和未来演变趋势进行判断与预测,基于领域知识形成最优决策来对物理实体进行控制。

(11) 闭环迭代(closed-loop iterative):从产品全生命周期流程出发,刻画数字主线,实时反映数据间的耦合关系,支撑信息物理系统进行动态调整决策并不断演进,决策结果可以实现从虚体向实体的反演、实体向虚体的反演,从而相互指导与验证。

(12) 容错健壮(fault tolerance and robustness):保证信息物理系统在出现不影响功能运行故障的情况下,系统具有一定的抗干扰、处理异常情况的能力,仍能正确地执行预定的功能。

(13) 弹性扩展(elastic expansion):面对实际应用中多样性的需求和系统的发展变化导致的功能变更,系统功能可定制,组件可灵活加入系统,且系统结构可在运行时根据环境的变化动态调整。

(14) 安全机制(security mechanism):实现安全功能,提供安全服务的一组有机组合的基本方法。

(15) 价值创造(value creation):构建智能系统的最终目的,主要体现在可制造性预测、视觉化交互(引导)、行为辨识、仿真建模、工业视觉检测、柔性制造、个性化定制、协同研发、集群监控、预测性维护、模式创新等方面,对比传统运营模式,能够提升运营效率,降低运营成本,在经济效益层面降本增效。

2. 感知与控制类术语

(1) 感知(sensing):通过感知设备获得对象信息的过程。

(2) 感知设备(sensing device):能够获取对象感知信息的终端。常见的感知设备有传感器等。

(3) 分散控制(disperse control):将系统按控制过程分解为不同的阶段,通过对不同阶段系统状态的优化控制实现整个系统的全局优化。在这种系统中,每个子系统只能得到整个系统的一部分信息,同时也只能对系统变量的某一子集进行操作和处理，各部分有独立的控制目标。这种控制方法实现方式比较简单，但是，由于将系统人为地分解为几个不同的状态，没有很好地体现不同阶段系统之间的状态转换关系，因此，这种控制方式存在着一定的系统整体性缺陷。

(4) 分布式控制系统(distributed control system，DCS)：在这种系统中，各子系统的控制单元是按子系统分布的。整个系统的控制目标事先按一定方式分配给各子系统的控制单元，它们之间可以进行有限的信息交换。

(5) 直接控制(direct control)：统筹考虑各子系统、各单元的设计及其耦合关系，直接在整个大系统设计空间寻优。由于未能体现各子系统的相对独立性和大系统的复杂性，直接控制方式不易对整个系统的每个子系统取得局部的优化效果。

(6) 嵌入控制(embedded control)：通过嵌入式软件，由传感器、仪器、仪表或在线测量设备采集被控对象和环境的参数信息而实现感知，通过数据处理而分析被控对象和环境的状况，通过控制目标、控制规则或模型计算而决策，向执行器发出控制指令而执行，不停地进行感知—分析—决策—执行的循环，直至达成控制目标。

(7) 工业机器人(industrial robot)：一种能自动控制和可重复编程，具有多功能和多自由度的操作机，能搬运材料、工件或夹持工具，以完成各种作业。

(8) 机器视觉 (machine vision)：通过视觉传感、物体识别、图像分析和解释来确定物体方位和形状的能力。

3. 软件类术语

(1) 嵌入式软件(embedded software)：满足嵌入式系统应用环境特殊要求的软件。

(2) 硬软件协调设计(co-design of hardware and software)：运用硬件和软件协同设计技术，实现系统功能的方法。

(3) 数字孪生(digital twin)：充分利用物理模型、传感器更新、运行历史等数据，集成多学科、多物理量、多尺度、多概率的仿真过程，在虚拟空间中完成映射，从而反映相对应的实体装备的全生命周期过程。

(4) 数字主线(digital thread)：利用先进建模和仿真工具构建的，覆盖产品全生命周期与全价值链，从基础材料、设计、工艺、制造以及使用维护全部环节，集成并驱动以统一的模型为核心的产品设计、制造和保障的数字化数据流。

(5) 计算机辅助设计(computer aided design，CAD)：使用信息处理系统完成诸如设计或改进零、部件或产品的功能，包括绘图和标注的所有设计活动。

(6) 计算机辅助制造(computer aided manufacturing，CAM)：利用计算机将

产品的设计信息自动地转换成制造信息,以控制产品的加工、装配、检验、试验和包装等全过程,并对与这些过程有关的全部物流系统进行控制。

(7) 计算机辅助工艺设计(computer aided process planning,CAPP):为了准备机械加工等生产过程的基本数据而使用信息处理系统的全部活动。

(8) 计算机辅助工程(computer aided engineering,CAE):采用信息处理系统对设计进行分析和检查,并对其性能、工艺性、生产率或经济性进行优化。

(9) 物料需求计划(material requirement planning,MRP):根据产品结构各层次物品的从属和数量关系,以每个物品为计划对象,以完工时期为时间基准倒排计划,按提前期长短区别各个物品下达计划时间的先后顺序,是一种工业制造企业内物料计划管理模式。

(10) 管理信息系统(management information system,MIS):一个以人为主导,利用计算机硬件、软件、网络通信设备以及其他办公设备,进行信息收集、传输、加工、存储、更新、拓展和维护的系统。

(11) 产品数据管理(product data management,PDM):管理产品全生命周期中各种数据和过程,实现从概念设计直到产品报废全过程中相关的数据定义、组织和管理,保证数据的一致、最新、共享和安全。PDM 支持并行工程,并且可作为集成平台实现 CAD、CAPP、CAM 的集成以及与 MRP Ⅱ、ERP 系统的集成。

(12) 云计算(cloud computing):一种通过网络将可伸缩、弹性的共享物理和虚拟资源池以按需自服务的方式供应和管理的模式。

(13) 人工智能 (artificial intelligence):利用数字计算机或者数字计算机控制的机器模拟、延伸和扩展人的智能,感知环境,获取知识并使用知识获得最佳结果的理论、方法、技术及应用系统。

4. 网络类术语

(1) 分布式网络(distributed network):一种分布式计算网络系统,具有较高的可靠性,且网络易于扩充。

(2) 工业控制网络(industrial control network,ICN):连接工业控制系统设备的网络,一个工厂可能同时存在不同的工业控制网络,它们可能与远程设备和工厂外部资源相连接。

(3) 数据通信(data communication):按照管理数据传输和协调交换的规则的集合,在功能单元之间进行数据传送。

(4) 通信服务接口 (communication services interface, CSI):一种界面,在此界面上提供对应用软件实体和应用平台外部实体之间的交互作用的服务的访问。

(5) 现场总线(fieldbus):一种实现现场级设备数字化通信的网络技术。它集控制技术、计算机技术和通信技术于一体，是现场设备（如现场仪表、传感器和执行机构等）与控制系统及控制室之间的一种全分散的、全数字化的、智能的、双向互联的、多变量的和多带点的通信与控制系统。它将自动控制系统与设备加到工厂的信息网络中，成为企业信息网络的底层，使企业信息沟通的覆盖范围可以延伸到生产现场，大大提高了控制效率。

（6）局域网（local area network）：站点间距离不超过几公里的企业独有的计算机网络，其数据传输率一般不低于几兆比特每秒（Mbit/s）。

（7）广域网（wide area network）：与局域网相反，它可以远距离传输数据，可以为多个企业（或地区）服务，其数据传输率通常低于一兆比特每秒。

（8）物联网（Internet of things）：通过感知设备，按照约定协议，连接物、人、系统和信息资源，实现对物理和虚拟世界的信息进行处理并做出反应的智能服务系统。

5. 平台类术语

（1）产品全生命周期管理（product lifecycle management，PLM）：以产品的整个生命周期过程为主线，从时间上覆盖产品市场调研、概念设计、详细设计、工艺设计、生产准备、产品试制、产品定型、产品销售、运行维护、产品报废和回收利用等的全过程，从空间上覆盖企业内部、供应链上的企业及最终用户，实现对产品生命周期过程中的各类数据的产生、管理、分发和使用。

（2）智能工厂（smart factory）：以打通企业生产经营全部流程为着眼点，实现从产品设计到销售、从设备控制到企业资源管理所有环节的信息快速交换、传递、存储、处理和无缝智能化集成。

（3）协同工作（cooperative work，CW）：在不同任务和不同空间之下，在协同（cooperative）、协调（coordinated）和协作（collaborates）工作组中计算机的应用。简言之，通过协同工作技术可以使不同工作组在不同背景和技术情况下讨论他们的工作，互相交流意见，促进多学科领域中不同观点的发展。协同工作系统的功能要求是：交互对话、协调性、分布性、特殊用户的响应、可视化和实现数据隐藏等。

（4）协同设计（collaborative production design）：利用网络技术、信息技术，实现供应链内及跨供应链间的企业产品设计、制造、管理和商务等的设计合作。

（5）协同产品商务（collaborative product commerce）：利用网络技术，将制造商、供应商、合作伙伴和客户联系起来，在产品生命周期中协同开放、生产和管理产品。

（6）状态监测维护（condition monitored maintenance）：对使用中的具体产品的整个状态进行监测和分析，以表明是否需要对产品采取维护措施。

(7) 决策支持系统(decision support system):能进行各种分析,评价各种可行性方案,并选出最佳方案的计算机软件系统。

(8) 库存控制系统(inventory control system):用于库存管理与控制的数据处理系统。其功能是根据企业的生产、运输、财务等部门提供的数据,控制库存的数量、品种及价格,并根据需要向采购、计划等部门发出信息。

(9) 生产计划控制系统(production planning control system):用于生成、运行并控制生产计划的信息处理系统。

(10) 柔性制造系统(flexible manufacturing system):由统一的控制系统和输送系统连接起来的一组加工设备,包括数控机床、自动传输设备和自动检测装置等。它们是一种不仅能进行自动化生产,而且还能在一定范围内完成不同工件的加工任务的制造系统。

(11) 用户交互系统(customer interactive system):先进制造企业的一种与用户联系的通信形式。为了做好用户服务工作,企业必须建立功能完善的销售服务网并通过与顾客(用户)建立广泛的联系,迅速地获取顾客(用户)对产品的需求信息。对于先进制造企业的成功发展,用户交互系统是市场分析和开拓经营范围、扩大市场份额的重要信息源,也是必不可少的手段。

(12) 客户关系管理(customer relationship management,CRM):信息技术领域的一种管理概念。它将管理理论和业务实践融合在一起。它集成了销售、订单管理,以及客户服务,可以协调和统一使用在客户生命周期内与客户交互的所有信息。通过这些信息,可以很好地管理客户,从而增大企业竞争能力,最终达到赢利的目的。

(13) 智能制造系统(intelligent manufacturing system):采用人工智能、智能制造设备、测控技术和分布自治技术等各学科的先进技术和方法,实现从产品设计到销售整个生产过程的自律化。

(14) 人机交互(man-machine interaction):人与机器互相配合共同完成一项任务的过程。它包括机器通过输出或显示设备给人提供有关信息。

6. 资源类术语

(1) 数据(data):信息的可再解释的形式化表示,以适用于通信、解释或处理。

(2) 原始数据(raw data):对物理世界一个或多个变化量进行测量获得的、未经处理的数据。

(3) 元数据(metadata):描述数据及其环境的数据。元数据可以用于描述、解释、定位或者能够更容易使用并且管理信息。

(4) 特征数据(feature data):对原始数据进行处理后产生的具有某一方面特

征的数据。

(5) 决策数据(decision data):基于原始数据或特征数据,经过进一步处理而产生的、用于向用户提供决策服务的数据。

(6) 汇聚(aggregation):对来自多个传感器网络结点的数据进行汇集的过程。

(7) 数据库(data base):一个数据集合的部分或全体,它至少包括足够为一给定目的或给定数据处理系统使用的一个文卷。

(8) 产品定义数据(product definition data):对被设计或制造产品的基本工程特征进行描述的数据,如产品的物理形状、尺寸以及其他说明信息。

(9) 数据挖掘(data mining):从大量的数据中通过算法搜索隐藏于其中信息的过程。一般通过创新统计、在线分析处理、情报检索、机器学习、专家系统(依靠过去的经验决策)和模式识别等方法来实现。

(10) 数据分析(data analysis):为提取有用信息和形成结论而对数据加以详细研究和概括总结的过程。

(11) 数据融合(data fusion):基于一组或多组数据,通过一定的处理过程以获得新的或更高质量信息的过程。

(12) 模型(model):现实世界中进程、设备或概念的一种表示。

(13) 特征建模(features-based modeling):将特征作为产品设计的基本元素,并将产品描述成特征的有机集合。它能全面地表达几何信息和非几何信息。

(14) 几何建模(geometric modeling):在计算机上以能够操作的形式描述二维、三维形状的造型技术。

(15) 模型诊断过程(model diagnose process):该过程属于模型诊断方法,推理过程由模型所展现的事实开始,通过与模型诊断规则的前提进行匹配,发现企业中存在的事实(问题)。

(16) 模型诊断原则(model diagnose principle):该类规则是由模型设计人员在进行模型设计时定义的一系列规则,即模型本身所具有的规则。它包括视图内的一致性规则和视图间的一致性规则两方面,其内容主要针对的是诊断模型,而不是针对具体的企业,因此是诊断模型的通用规则。

(17) 模型可视化原则(model viewable principle):建立的模型要在不同的人员之间相互交流,因此建模方法应能提供清晰明了的图形化表示方法。

(18) 模型通用性原则(model general principle):通过定义通用构件、部分通用模型的方法将模型中的共性问题统一进行表示,从而提高企业建模通用化程度。这也是处理企业建模复杂性问题的一种方法。

(19) 产品模型(product model):基于信息理论和计算机技术,在现代设计方法学的指导下,定义和表达在产品全生命周期中重用产品资源所必需的产品数据内容、数据关系及活动过程的数字化的信息模型。

(20) 产品信息模型(product information model):对一个产品的事实、概念或指令提供抽象描述的信息模型。

(21) 信息(information):关于客体(如事实、事件、事物、过程或思想,包括概念)的知识,在一定的场合中具有特定的意义。

(22) 知识(knowledge):通过学习、实践或探索获得的认识、判断或技能。

(23) 知识获取(knowledge acquisition):组织从某种知识源中总结和抽取有价值的知识的活动。

(24) 知识存储(knowledge storage):组织将有价值的知识经过选择、过滤、加工和提炼后,通过某些技术手段存储于组织内部,并随时更新和维护其内容和结构,以便用于用户访问、获取知识的活动。

(25) 知识鉴别(knowledge identification):组织根据目标,明确内外部存在的知识,并进行知识需求分析的活动。

(26) 知识管理(knowledge management):对知识、知识创造过程和知识的应用进行规划和管理的活动。

(27) 知识应用(knowledge utilization):利用现有的知识去解决问题或创造价值的活动。

(28) 知识资产(knowledge asset):组织中知识的价值体现,包括员工及员工技能、著作权、专利、业务流程、商业模式、客户关系等。

(29) 创新(innovation):把感悟和技术转化为能够创造新价值、驱动经济增长、促进社会进步和提高生活标准的过程及其结果,包括新理论、新模式、新方法、新产品、新服务、新流程等。

(30) 知识创造(knowledge creation):组织通过各种不同的方法,增进、强化已有知识和探索新知识的活动。

(31) 知识共享(knowledge sharing):组织通过各种渠道和方式来转移和分享已有知识,实现知识在人、(组织)部门、组织、区域、国家之间的有效流动。

第6篇　信息物理系统之应用篇

第11章　信息物理系统的应用场景

11.1　智能设计

1. 应用需求

目前，在产品及工艺设计、生产线或工厂设计过程中，借助仿真分析手段可使设计的精度得到大幅度提高，但由于缺少足够的实际数据为设计人员提供支撑，因此在设计、分析、仿真过程中不能有效模拟真实环境，从而影响了设计精度。所以需要建立实际应用与设计之间的信息交互平台，使得在设计过程中可以直接提取真实数据，通过对数据进行分析处理来直接指导设计与仿真，最后形成更优化的设计方案，提高设计精度，降低研制成本。

2. 解决思路

随着CPS不断发展，在产品及工艺设计、生产线或工厂设计过程中，企业流程正在发生深刻变化，研发设计过程中的试验、制造、装配都可以在虚拟空间中进行仿真，并实现迭代、优化和改进。通过基于仿真模型的“预演”，可以及早发现设计中的问题，减少实际生产、建造过程中设计方案的更改，从而缩短产品设计到生产转化的时间，并提高产品的可靠性与成功率。

3. 应用场景

1）产品及工艺设计

通常，为了更好地实现设计目标，需要基于产品应用环境进行产品使用性能的仿真，例如对于机械产品，需要进行结构强度仿真、机械动力学仿真、热力学仿真等。传统的仿真系统各自独立，在仿真过程中不能完整描述产品的综合应用环境，而CPS很好地解决了这个问题。在进行产品研发设计过程中，通过采集已有的相关经验设计数据或者试验数据等不同种类的数据,建立由结构、动力、热力等异构仿真系统组成的集成综合仿真平台,将数据及仿真模型以软件的形式进行集成,从而实现更全面、真实的产品使用工况仿真,同时结合产品设计规范、设计知识库等信息,形成针对某一目标的优化设计算法,通过数据驱动形成产品优化设计方案,实现产品设计与产品使用的高度协同。在产品工艺设计方面,为了使产品的制造工艺设计更加精准、高效,需要对实际制造工艺的具体参数进行采集,例如机加工中刀具的切削参数、电机功率参数等,在软件系统或平台中将工艺参数、工艺设计方案、工艺模型进行信息的组织和融合,考虑不同的工艺参数对产品制造质量、产品制造效率、产品制造设备可承受力等方面的影响,建立关联性模型,依据工艺设计目标和制造现场实际条件,以实时采集的工艺数据进行仿真,并以已有的工艺方案、工艺规范为支撑,形成制造工艺优化方案,场景如图 11-1 所示。

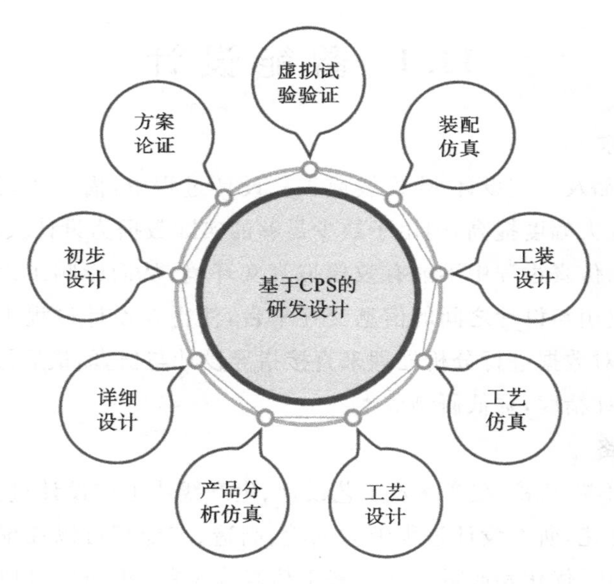

图 11-1 CPS 在研发设计中的场景

2) 生产线/工厂设计

在生产线/工厂设计方面,首先建立产品生产线/工厂的初步方案,初步形成产品的制造工艺路线,通过采集实际运行和试验中所生成的工时数据、物流运输数据、工装和工具配送数据等,在软件系统中基于工艺路线建立生产线/工厂中的人、机械、物料等生产要素与生产线产能之间的信息模型。在此过程中,综合考虑生产线/工厂中不同设备、不同软件系统、不同网络通信协议之间的集成,根据生产线/工厂建设环境、能源等现有条件,结合系统采集的工时、运输数据等来分析计算合理的设备布局、人员布局、工装工具物料布局、车间运输布局，建立生产线/工厂生产模型，进行生产线/工厂生产仿真，依据仿真结果优化生产线/工厂的设计方案。同时，生产线/工厂的管理系统要通过数据传递接口与企业管理系统、行业云平台及服务平台进行集成，从而实现生产线/工厂设计与企业、行业的协同。CPS 在生产线设计中的场景如图 11-2 所示。

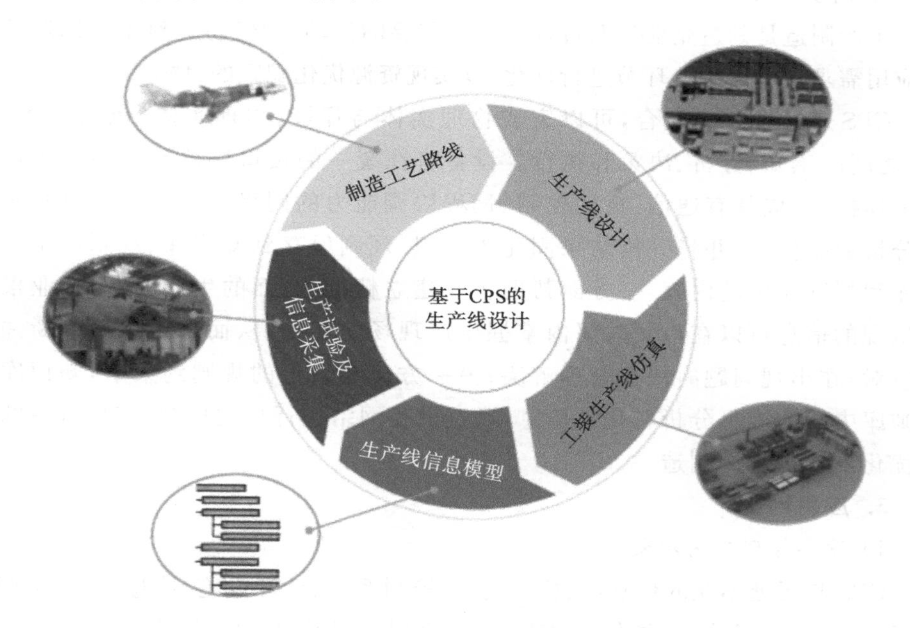

图 11-2　CPS 在生产线设计中的场景

11.2　智能生产

1. 应用需求

生产制造是制造业的核心环节，也是制造企业将用户需求变成实际产品、实现产品价值的重要过程。但是，传统生产制造模式中的生产设备分散，而且特殊设备处于高危区域，这造成生产设备的操作、监测、管理等极为不便。此外，设备与设备之间不能通信而导致生产制造过程缺乏协同性，从而出现设备闲置或设备不足的现象，造成生产资源及生产能力分配不合理和浪费。

另外，由于缺乏数据传导渠道和工具，对生产制造过程中的状态、数据、信息很难进行传输和分析。因此，生产过程的管理和控制缺乏数据信息等决策依据的支撑，管理者的意志难以准确传递和执行。这样会造成资源调度和生产规划的不合理,并阻碍生产制造效率和质量的提高。

为解决以上生产过程中存在的问题,急需利用 CPS 打破生产过程中的信息孤岛现象,实现设备的互联互通,实现生产过程监控,合理管理和调度各种生产资源,优化生产计划,达到资源和制造协同,实现"制造"到"智造"的升级。

2. 解决思路

生产制造是制造企业运营过程中非常重要的活动,CPS 将针对生产制造环节的应用需求对生产制造环节进行优化,以实现资源优化配置的目标。

CPS 通过软硬件配合,可以完成物理实体与环境、物理实体(包括设备、人等)之间的感知、分析、决策和执行。设备将在统一的接口协议或者接口转化标准下连接,形成具有通信、精确控制、远程协调能力的网络。该网络通过实时感知分析数据信息,并将分析结果固化为知识、规则保存到知识库、规则库中。知识库和规则库中的内容,一方面帮助企业建立精准、全面的生产图景,企业根据所呈现的信息可以在最短时间内掌握生产现场的变化,从而做出准确判断并快速应对,在出现问题时快速合理解决;另一方面在一定的规则约束下,知识库和规则库中的内容可分析转化为信息,通过设备网络进行自主控制,实现资源的合理优化配置与协同制造。

3. 应用场景

1) 设备管理应用场景

CPS 将无处不在的传感器、智能硬件、控制系统、计算设施、信息终端、生产装置通过不同的设备接入方式(例如串口通信、以太网通信、总线模式等)连接成一个智能网络,构建形成设备网络平台或云平台,在不同的布局和组织方式下,企业、人、设备、服务之间能够互联互通,数据和信息能够通畅流转。该平台具备广泛的自组织能力、状态采集和感知能力,同时也具备对设备实时监控和模拟仿真的能力。通过数据的集成、共享和协同,可实现对工序设备的实时优化控制和配置,使各种组成单元能够根据工作任务需要自行集结成一种超柔性组织结构,并最优和最大限度地开发、整合和利用各类信息资源,如图 11-3 所示。

2) 生产管理应用场景

CPS 是实现制造企业中物理空间与信息空间联通的重要手段和有效途径。在生产管理过程中通过集成工业软件、构建工业云平台对生产过程中的数据进行管理,实现生产管理人员、设备之间无缝信息通信,将车间人员、设备等的运行移动、现场管理等行为转换为实时数据信息,对这些信息进行实时处理分析,实现对生产制造环节的智能决策,并根据决策信息和领导层意志及时调整制造过程,进一步打通从上游到下游的整个供应链,从资源管理、生产计划与调度等方面来对整个

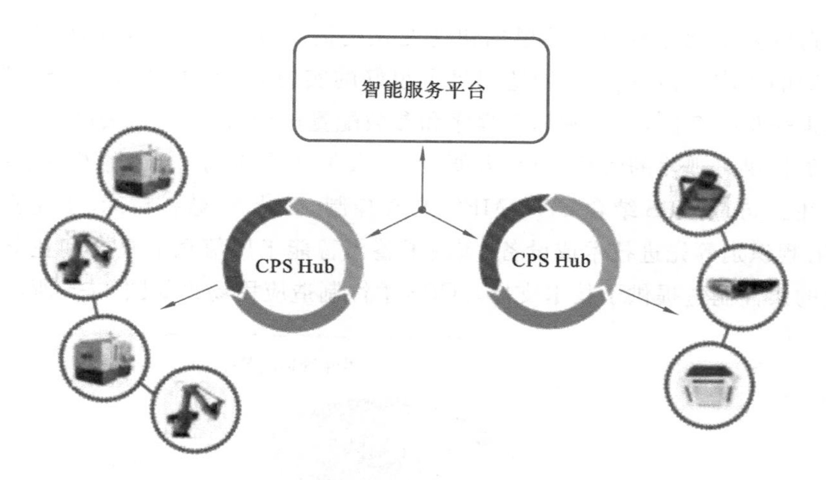

图 11-3　车间设备联网

生产制造过程进行管理、控制以及科学决策，使整个生产环节的资源处于有序可控的状态，如图 11-4 所示。

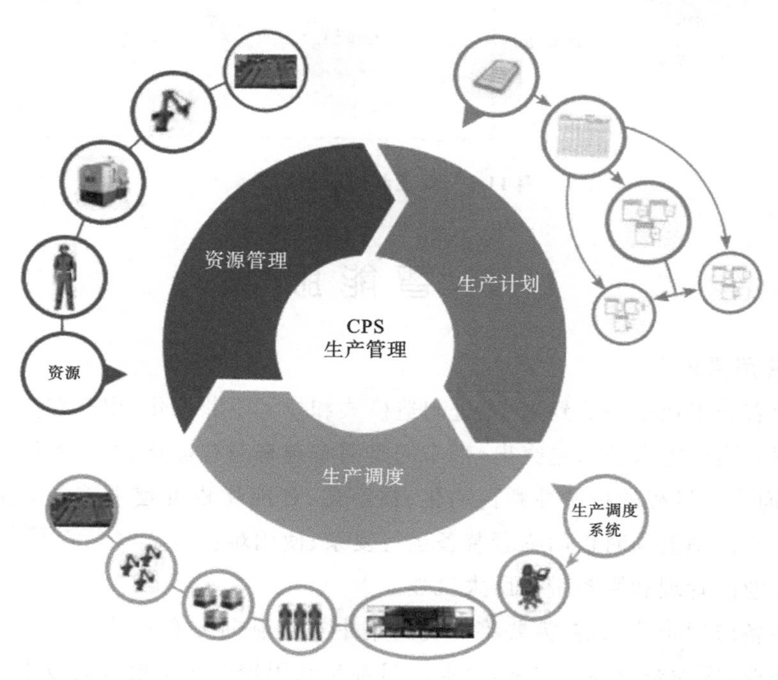

图 11-4　生产管理

3）柔性制造应用场景

CPS 的数据驱动和异构集成特点为应对生产现场的快速变化提供了可能，而柔性制造的要求就是系统能够根据快速变化的需求变更生产，因此，CPS 契合了柔性制造的要求，为企业柔性制造提供了很好的实施方案。CPS 对整个制造过程进行数据采集并存储，对各种加工程序和参数配置进行监控，为相关的生产人员和管理人员提供可视化的管理指导，方便设备、人员的快速调整，提高了整个制造过程的柔性。同时，CPS 结合 CAx、MES、自动控制、云计算、数控机床、工业机器人、RFID 射频识别等先进技术或设备，实现了整个智能工厂信息的整合和业务协同，为企业的柔性制造提供了技术支撑。CPS 柔性制造应用场景如图 11-5 所示。

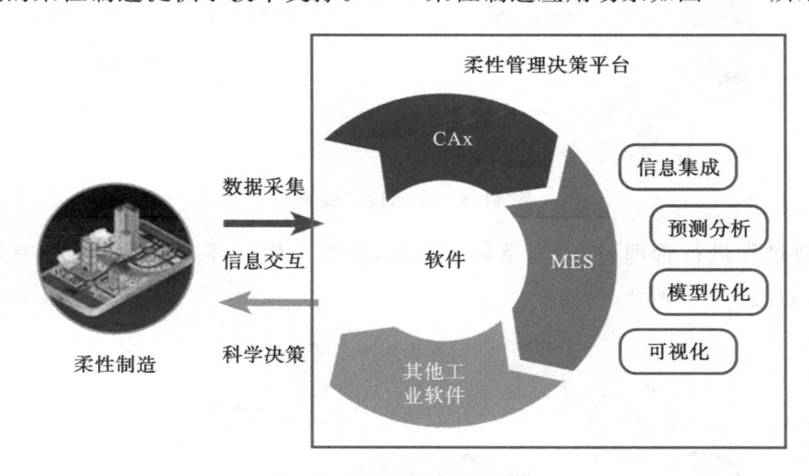

图 11-5 柔性制造应用场景

11.3 智能服务

1. 应用需求

伴随着新工业革命的到来，先进制造模式和技术不断深化，用户在高精度和制造高效率方面的需求越来越突出，带来的是装备越来越智能化、产品模块越来越集成化，从而生产过程的精密性和自动化、数字化、智能化程度越来越高。企业大幅度提高生产效率的同时也面临着装备运行复杂、使用难度日益增大的困扰，这些无疑会给企业的管理和服务带来巨大挑战。

对装备应用企业来讲，需要将传统的集中式控制向分布式控制转变。装备进入制造企业，成为企业经营要素，企业的目标是利用较低成本投入高效生产出高品质的产品。这需要将智能装备与关联的其他装备、相关软件等要素有机融合，配合基于大数据的先进管理才可能实现，但是大量、多样的智能装备和产品融入，必然会产生各类海量的多样化、碎片化信息，并且会贯穿各个环节，这必然会给传统制造模式在运营管理、维护等方面带来严峻挑战。对装备制造企业来说，装备的复杂性、故障原因的多样性，增加了自身和使用者解决故障的周期和成本，特别是在大型复杂的协同运行环境中，各装备的维护活动不能独立进行，进一步加大了系统管理、维护、故障处理的难度和复杂度，加重了企业负担。

智能化的普及带来了传统企业管理复杂的问题，管理的各个环节都是碎片化的，装备、系统、使用者等相关方不能互联互通、协同优化。企业需要保证装备能够在协同优化、健康管理、远程诊断、智能维护、共享服务等方面进行高效应用。CPS 的数据驱动、虚实映射、系统自治等应用特征，为满足上述需求提供了有效的手段。

2. 解决思路

通过在自身或相关要素中搭载具有感知、分析、控制能力的智能系统，采用恰当的频率对人、机、料、法、环数据进行感知、分析和控制，运用工业大数据、机器学习、PHM、人工智能等技术手段，可帮助企业解决装备健康监测、预防维护等问题，实现“隐性数据—显性数据—信息—知识”的循环优化。同时通过将不同的“小”智能系统按需求进行集成，构建一个面向群体或 SoS 的装备的工业数据分析与信息服务平台，对群体装备间的相关多源信息进行大数据分析、挖掘，实现群体、SoS 之间数据和知识的共享优化，解决远程诊断、协同优化、共享服务等问题，同时通过云端的知识挖掘、积累、组织和应用，构建具有自成长能力的信息空间，实现“数据—知识—应用—数据”。

通过 CPS 按照需要形成本地与远程云服务相互协作，个体与群体(个体)、群体与系统的相互协同一体化工业云服务体系，能够更好地服务于生产，实现智能装备的协同优化，支持企业用户经济性、安全性和高效性经营目标落地。

3. 应用场景

1）健康管理

将 CPS 与装备管理相结合，应用建模、仿真测试及验证等技术，建立装备健康评估模型，在数据融合的基础上搭建具备感知网络的智能应用平台，实现装备虚拟健康管理。通过智能分析平台对装备运行状态进行实时感知与监测，并实时应用健康评估模型进行分析预演及评估，将运行决策和维护建议反馈到控制系统，为装备最优使用和及时维护提供自主认知、学习、记忆、重构的能力，实现装备健康管理。图 11-6 为某型船舶健康监测管理 CPS 示意图。

2）智能维护

应用建模、仿真测试及验证等技术，基于装备虚拟健康的预测性智能维护模型，构建装备智能维护 CPS。通过采集装备的实时运行数据，将相关的多源信息融合，进行装备性能、安全、状态等特性分析，预测装备可能出现的异常状态，并提

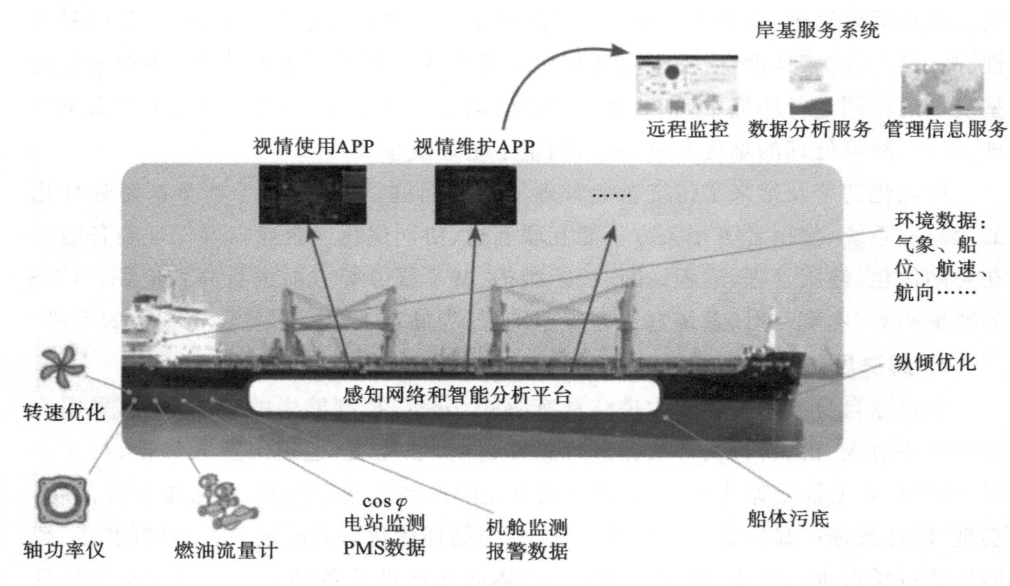

图 11-6　某型船舶健康监测管理 CPS 示意图

前对异常状态采取恰当的预测性维护。装备智能维护 CPS 突破了传统的阈值报警和穷举式专家知识库模式的局限，依据各装备实际活动产生的数据进行独立化的数据分析与利用，提前发现问题并处理，延长资产的正常运行时间，如图 11-7 所示。

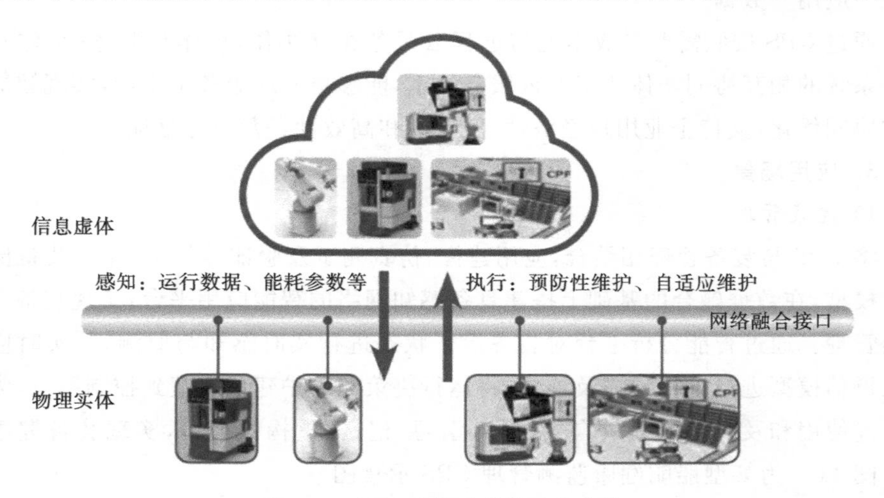

图 11-7　CPS 在预防维护中的应用

3）远程征兆性诊断

在传统的装备售后服务模式下，装备发生故障时需要等待服务人员到现场进行维修，这将极大地影响生产进度，特别是大型复杂制造系统的组件装备发生故障时，维修周期长，更增加了维修成本。在 CPS 应用场景下，当装备发生故障时，远程专家可以调取装备的报警信息、日志文件等数据，在虚拟的设备健康诊断模型中进行预演推测，实现远程的故障诊断并及时、快速地解决故障，从而缩短停机时间并降低维修成本。图 11-8 所示为 CPS 在远程诊断中的应用。

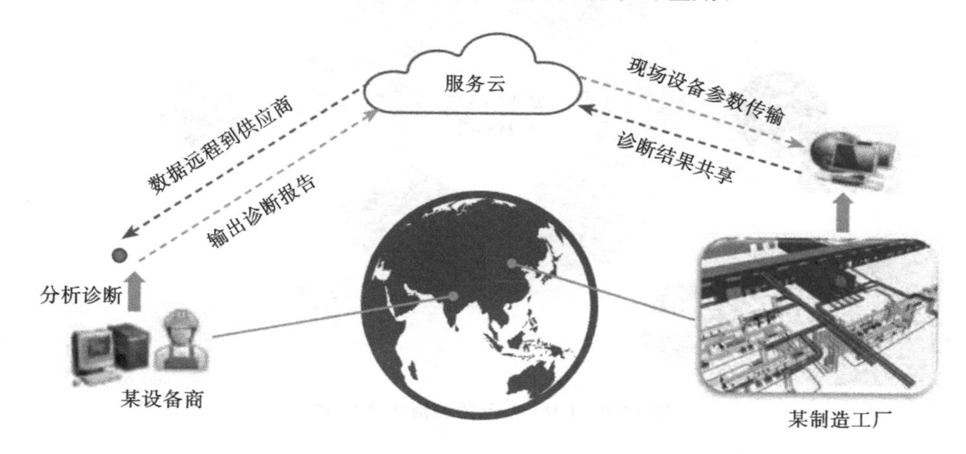

图 11-8　CPS 在远程诊断中的应用

4）协同优化

CPS 通过搭建感知网络和智能云分析平台，构建装备的全生命周期核心信息模型，并按照能效、安全、效率、健康度等目标，对核心部件和过程特征等在虚拟空间中进行预测推演，结合不同策略下的预期标尺线，筛选出最佳决策建议，为装备使用提供辅助决策，从而实现装备的最佳应用。以飞机运营为例，运营中对乘客人数、飞行时间、飞行过程环境数据、降落数据、机场数据等数据进行采集，同步共享给相关方：飞机设计与制造部门通过飞机虚拟模型推演出最优方案指导飞机操作人员，航空运营商提供最优路线方案给地勤运营等。图 11-9 所示为 CPS 在运营调度中的场景。

5）共享服务

通过在云端构建一个面向群体装备的工业数据分析与信息服务平台，将单一智能装备的信息与知识进行共享，正在运行的智能装备可以利用自身的感知和运算能力帮助其他智能装备进行分析运算，智能装备可依据云端群体知识进行活动优化。以船舶为例，将要开始某个具体航线活动的船舶可以向该区域内的船舶提出信息请求，正在进行该活动的船舶可以利用自身的感知与运算能力帮助前者进行分析运算，将结果告知，这样，前者可以依据这个结果选择航线、设定航速、躲避气象灾害。

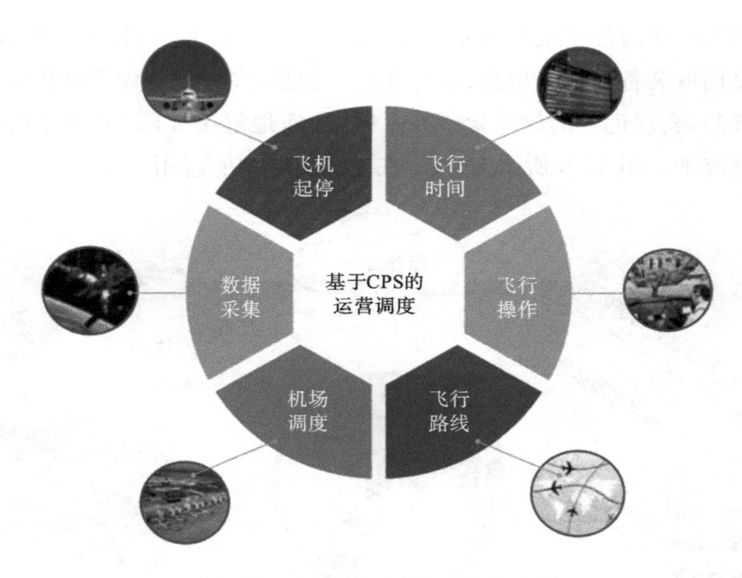

图 11-9 CPS 在运营调度中的场景

第12章　信息物理系统的典型行业

12.1　离散行业

本案例分析了航空航天复杂离散制造行业的基本特点，提出了CPS在该类企业落地的解决思路，并给出了CPS四模式的应用实践。

1. 航空航天复杂离散制造行业特点

航空航天属于复杂离散制造行业，具有多品种、小批量、产品复杂、协作人员多、研制周期长、产品价值高等特点。生产设备多为通用设备，不同产品按照相应规格利用对应的生产设备进行生产。该类企业对质量要求非常高，且具有很强的保密性等特点。

对航空航天企业而言，提升研发与生产效率，降低研发与生产成本，保障产品质量，一直是重中之重。在以上几个方面中，质量问题尤为重要。在生产过程中，该类企业对产品技术状态的控制、生产过程的控制、生产计划的制定、调度生产能力以及信息化管理水平有着较高的要求。

2. 基于CPS理念的解决思路

航空航天企业产品复杂，研制过程需要反复仿真验证，非常适合打造以CPS为理念的智能化研制与生产管控系统。以产品研发与生产为目标对象，通过管理、业务和技术的融合与创新，在信息空间打通产品设计、产品制造、试验验证各研制阶段，可大幅度缩短产品研制周期，降低研制成本并提高产品质量，为产品的顺利研制与高效生产提供有力保障。

1）数字主线：一条主线贯始终

数字主线是指利用先进建模和仿真工具，实现在产品全生命周期（从产品研发、工艺规划、生产制造、运营管理直至报废（退役）等各环节）集成并驱动以统一模型为核心的数据流。

航空航天产品复杂、涉及人员多，通过数字主线可有效地消除与产品相关的信息孤岛，将正确的信息在正确的时间、以正确的方式传递给正确的人，避免信息丢失、失真、不正确、不及时等情况的发生，从而有效提高协作效率、降低管理成本，并对提高产品质量、缩短研发周期都具有明显的促进作用。

2)警惕数字孪生:虚实两体深融合

航空航天企业具有产品复杂、研发生产过程复杂、周期长、成本高等特点,一旦出现设计或生产问题,经济损失大,因此航空航天产品研发与生产过程特别适合采用数字孪生技术,在研发设计、生产制造、产品服务等方面,在信息空间中实现对物理实体的映射、仿真与优化,减少物理世界的生产与调试等环节,对提高产品研发效率和质量、降低成本具有显著效果。

在生产环节,航空航天企业采用了较多的数字化设备,如数控机床、机器人、热处理设备、立体仓库、测量测试设备,以及各类仪器仪表等数字化设备,由于控制系统厂家不同,设备厂家、系统版本、接口形式、通信协议千差万别,这些设备基本上都处于孤立的单机生产模式,不能很好地发挥这些先进设备的价值,并造成上游的ERP、MES等系统与生产设备脱节,设备运行状态与生产进度不能及时获知,不能有效地对生产进度进行科学计划与精细管理。企业需要在参考工业互联网、智能制造等先进理念的基础上对这些数字化设备进行互联互通,通过底层各类设备、生产线与上端管理系统的深度融合,打造具有CPS典型特征、虚实一体的数字化、网络化、智能化生产管控模式,提升生产效率与产品质量,如图12-1所示。

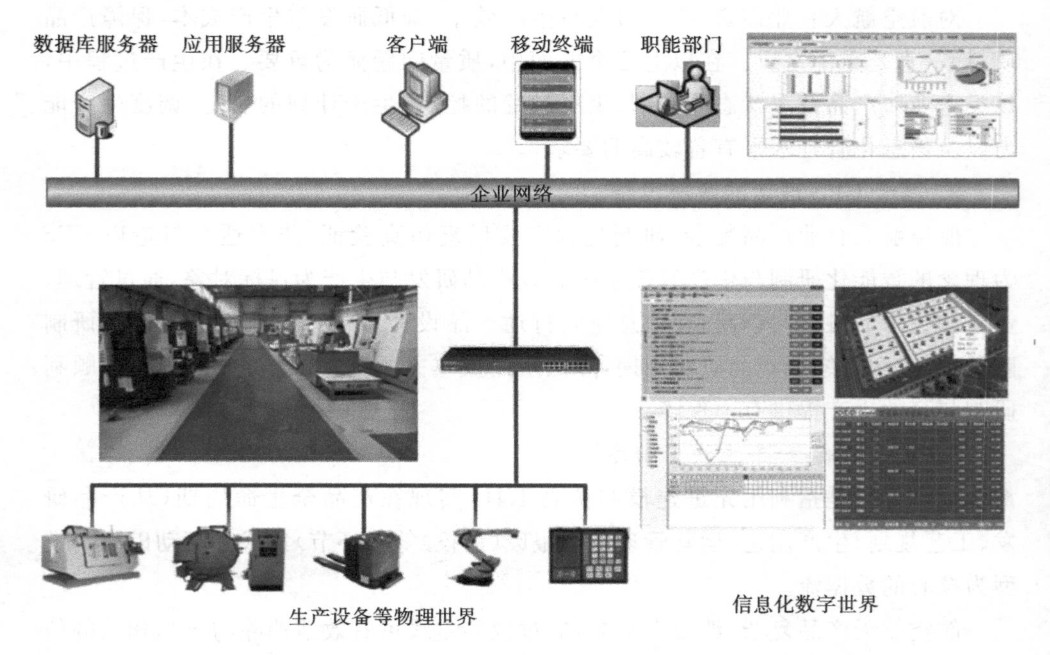

图12-1 车间级CPS

3)新一代智能:三元交汇更智能

基于互联网、大数据、人工智能等新技术,通过机器学习与深度洞察,实现3个

IT 技术(信息技术(information technology)、工业技术(industry technology)、智能技术(intelligent technology))的深度融合交汇，增强机器认知、主动学习、产生知识的能力，构建更为强大的动态感知、实时分析、科学决策、精准执行的智能化生产模式，从弱人工智能迈向强人工智能，开启真正意义上的智能制造新模式。

3. CPS 四模式落地实践

航空航天企业涵盖的专业众多，在 CPS 的具体应用方面也各不相同，不同的模式都可以在相应的应用场景中得到很好的应用。

1) 人智：信息透明利决策

人智模式虽然属于 CPS 的初级应用，但在基于状态感知、数据处理的情况下，相关人员可从这些量化、可视化以及各种报警等信息中，及时发现系统运行中的异常情况并快速处理，形成感知、控制、执行和反馈的闭环，对保证系统有效运行、提升生产效率和产品质量有很好的作用。

在生产制造环节，人智这种 CPS 模式在工厂中大量存在，对生产有序进行非常有价值。比如对于车间中的安灯系统，车间调度、维修、管理等人员可以从系统中的声音、信息画面中及时获得相关异常信息，并快速响应和处理。如对于各种自动化生产线以及各种电子化看板，尽管它们自身不能自主决策和精准执行，但可以显示各种故障等异常情况，工作人员可以借助这些信息，对各种异常情况进行快速响应，如图 12-2 所示。

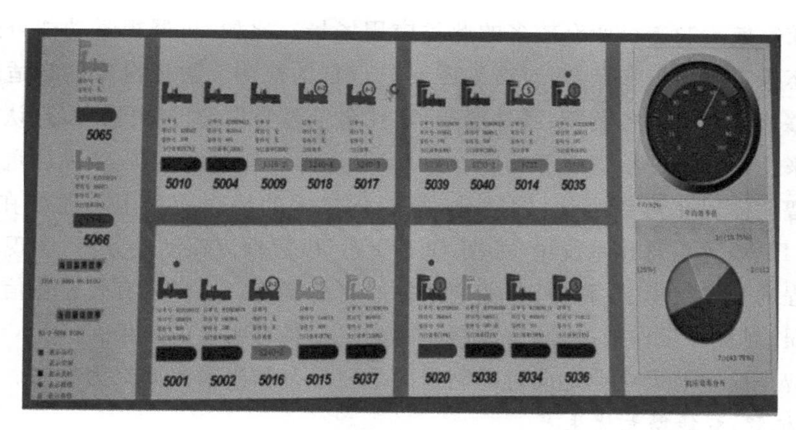

图 12-2　电子看板

由于人智模式的智能决策主要靠人来完成，系统功能重点在于状态感知与数据处理等部分。这类系统具有投资较少、见效较快等特点，强调以实用为主。

2) 辅智：知识管理提质效

辅智主要特点是基于知识的专家系统。

企业的研发、生产、管理、运营等环节充满了各种经验与知识,这些经验与知识是企业高效、高质运转的保证,是企业的核心竞争力。在信息化系统中构建各种专家知识库,将这些经验与知识进行有效存储、挖掘、再利用,可针对不同的外界变化和各种客观状况快速地给出基于知识的解决方案。

在企业研发生产环节,辅智模式可以充分利用已有经验和知识,帮助企业构建更为高效、高质的生产管理模式。比如在 CAM 或刀具管理系统中的切削参数专家库、CAPP 中的工艺专家库、MES 中的设备维修知识专家库、APS 中的高级排产算法、工业互联网中的各种工业 APP 等,都是基于行业知识构建的专家库,可有效提升研发、生产、管理、维修等方面的效率与质量,并可明显缩短新员工的学习时间。

辅智模式主要是基于专家库解决已知问题,其基础是丰富的行业经验与知识,航空航天企业在研发、生产、管理、服务等方面都可以应用此种模式。这类模式在很多情况下是基于商用的信息化系统进行知识的积累与管理,企业也可以根据自身需要自行开发或与供应商合作构建相关知识库。

3) 混智:认知协同数据流

混智模式采用互联网、大数据、人工智能等新一代的信息技术,系统/设备具有一定的认知和学习能力,能解决研发、生产、管理、服务中的不确定性问题和复杂问题。

在航空航天制造企业有较多的此类应用场景。比如,机器视觉功能可通过对产品形态等进行学习和认知,对产品质量进行自动检测。数控机床的自适应切削功能能够依据当前设备负荷、零件变形、零件余量等变化,通过机器学习、认知与自主决策来动态调整进给速度等切削参数,确保整体加工效率更高、产品质量更好。

混智还体现在对数字化、网络化、智能化技术的综合应用上。比如在 ERP、MES 与 PLM 等信息化系统中,如图 12-3 所示,以数据流驱动业务流,实现研发与生产过程的信息共享、过程协同,实现数据的自由流动。这样可有效避免信息的失真和错误,对提升工作效率、减少质量问题的发生具有明显的效果。

混智是航空航天企业走向智能制造的重要形态和当前主要努力方向。

4) 机智:智能助无忧生产

机智模式通过感知和预测环境的变化,实现对自身状态变化的风险评估和预测,并通过知识的学习与群体的协同,实现自我成长。

设备预测性维护是航空航天企业机智模式的典型应用场景。设备预测性维护系统通过采集单机设备信号和同类设备信号之间的差异,实现设备间的信息互联和经验借鉴,并进行机器学习,可完成早期故障诊断,将设备健康状态与生产计划

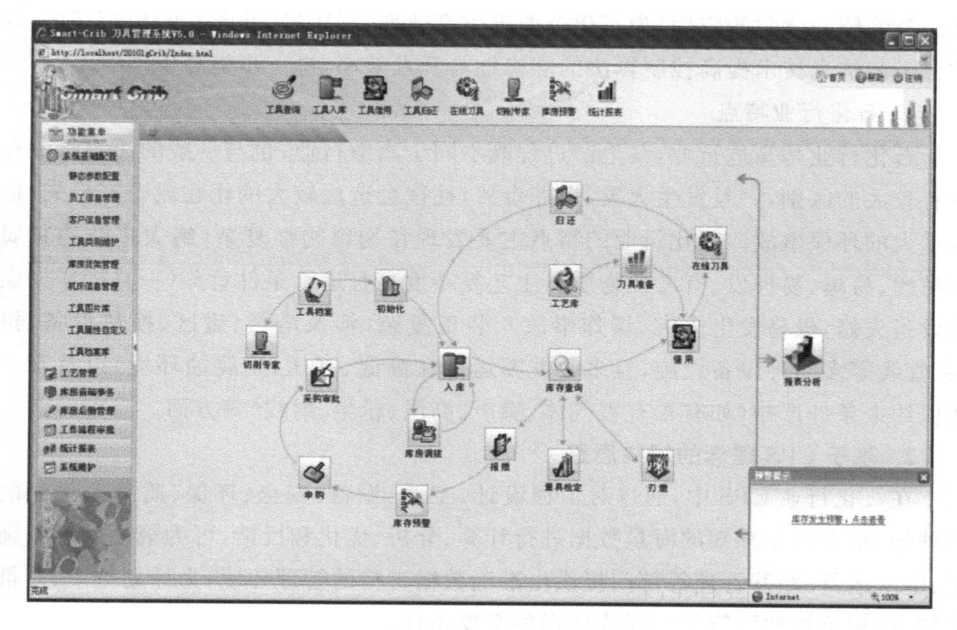

图 12-3　制造过程协同

和维修计划相匹配，提供生产最佳排程建议，降低生产中的浪费和停机时间造成的成本损失，实现无忧生产。

机智模式强调了机器或系统的自认知、自执行、自决策的能力，是 CPS 在制造企业的高级应用形态，是将来重要的发展方向。

尽管智能程度不同，但由于场景不同、经济性不同，四种模式的 CPS 在航空航天制造企业中都有很多不同的应用。只有智能程度的不同，没有孰好孰劣之分，一切以满足实际需要为原则。

4. 价值体现

航空航天制造企业通过实施 CPS 理念的解决方案，在信息虚拟空间中对产品研发、生产制造、运营管理、产品服务等活动进行仿真、优化，并实现各种信息的共享与协同，做到精准研发、精益生产和精细管理，可明显提升研发生产效率和工作质量，明显缩短研制与生产周期，并大大降低产品成本。

12.2　流 程 行 业

本案例从业务维护出发，基于系统级 CPS 的体系架构，结合石化生产行业的技术与应用特点，构建面向石化行业的智能控制与生产管控系统。通过先进控制算法及管控一体化的应用,为石化企业提供高效率、高质量、低能耗的生产环境,并结合工艺仿真技术提高控制算法的准确性与开发效率,进一步提高生产效率。

1. 石化行业特点

石化行业是高危行业,其生产过程既不同于离散行业,也与一般的流程行业存在着较大的区别,一旦发生火灾、爆炸事故,往往会造成较大的伤亡或财产损失,造成重大的环保事故。石化行业的特点主要表现在物料物性复杂(绝大多数物料属于易燃、易爆、易挥发、有毒性物质)、工艺复杂度高且运行条件苛刻(一旦操作失误或设备失修,极易发生火灾、爆炸事故)、装备复杂(涉及塔类、罐区、换热设备、机泵、管线等多品种设备设施,且多数需要运行在高温、高压、高腐蚀环境)以及安全环保约束条件严格(如有毒有害气体、噪声、高温、粉尘、射线)等方面。

2. 基于 CPS 理念的解决思路

在石化行业 CPS 中,通过对工程设计、工艺、设备、安全、环保、质量等方面的各种静、动态泛在感知的海量数据进行计算、分析、优化和反馈,可为规划、设计、施工、生产运行、经营管理等部门提供由准确数据支持的管理环境,为计划排产、质量控制、过程监控的智能化协同优化提供必要条件。

石化行业 CPS 是一个在环境感知的基础上,深度融合了计算、通信、控制的可控可信可拓展的网络化物理设备系统,涉及以下关键技术及基于 CPS 的生产和管理解决思路。

1) 基于数字孪生的 DCS 设计方式

具有一定灵活性的过程自动化系统能够有效提升制造过程的盈利能力。但由于开发生产控制系统的门槛较高,且具有一定的不确定性,因此将控制程序直接在实际生产过程中进行测试验证,不仅成本高昂,且十分危险。采用基于仿真模型的自动化系统设计方式,能够对生产现场的装备、电气、控制、热力学等因素进行建模仿真,从而确保新的生产工艺与控制程序能够在虚拟环境中进行测试与验证,并最终降低实际生产运营的风险。

2) 生产过程数字化

应用面向石化行业的低功耗传感器技术,以及适合复杂工业环境的无线通信网络技术等,提升设备、生产过程的泛在感知能力,在此基础上进一步建立物与物、人与物、人与人互联互通的集成统一工业物联网平台,提升生产过程各关键要素的实时感知和高效协同能力。

3. CPS 模式落地路径

1) 人智(管控一体化平台——DCS+SCADA)

石化行业的人智模式(见图 12-4)主要用于解决 CPS 的初级生产问题,即通过自动化系统(DCS/SCADA)实现机器帮人完成某些固定且重复性的生产过程,并通过信息化系统实现生产资源(人机料法环)的集中管控:在石化行业生产过程中,DCS负责对生产流程中的蒸馏塔、罐、换热设备、机泵等各类设备进行闭环控制,并使其物理运行参数(温度、压力、流量等)满足实际生产工艺的基本要求;SCADA负责对生产设备进行监控、报警与可视化等,并帮助操作员按照生产规程对生产设备进行操作;MES负责对生产资源信息进行集中管理,从而提高生产过程的透明度,并通过排产功能完成资源的优化调度,实现生产效率的提升。

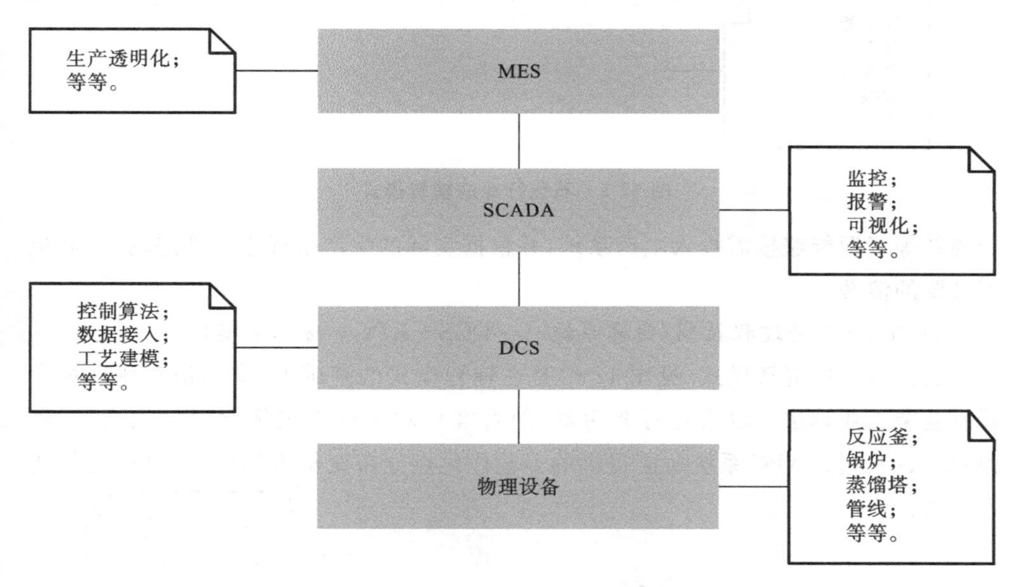

图12-4　石化行业的人智模式

2) 辅智(先进过程控制——APC+DCS)

石化行业的辅智模式(见图12-5)是在人智模式的基础上,赋予机器处理复杂、动态问题的能力。在石化行业,可在现有DCS的基础上,增加先进过程控制(APC)系统,从而实现更加高效的生产。为了实现上述目标,需要利用APC系统对石化生产中的塔、罐、釜、锅炉等设备的物理特性及工艺参数进行模型分析,并通过工艺优化算法给出最优控制参数。

APC系统将行业知识进行封装,并以行业库的形式提供给工程人员,工程人员可通过建模工具根据实际现场需求,使用行业库对生产优化工艺进行建模,并对生产、质量、资源三个维度进行优化。生产优化算法主要负责对生产参数进行动态调节,从而确保生产率、生产过程的稳定性;质量控制算法负责动态调节设备物理参数(如温度、压力、湿度和溶度),从而提高产品的合格率;资源算法用于确保原料

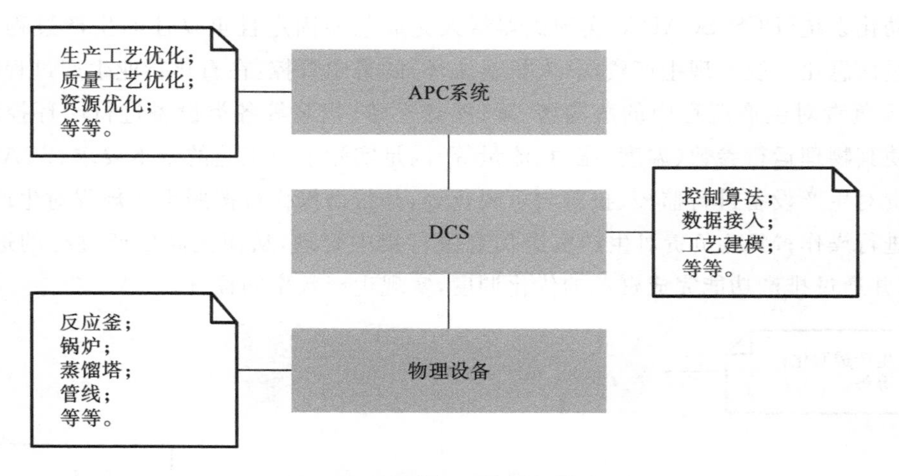

图 12-5　石化行业的辅智模式

与燃料等资源能够按需投入生产系统，并根据实际的生产指标进行动态调节，避免不必要的浪费。

3）混智（先进过程控制/仿真系统——DCS＋APC＋仿真建模）

石化行业的混智模式（见图 12-6）是在辅智模式的基础上，借助仿真建模技术开发复杂工业算法。以石化行业为例，随着客户对生产工艺优化（生产、质量、资源）需求的增长，APC 系统所需提供的工艺优化点分布变得更加广泛，且所需优化

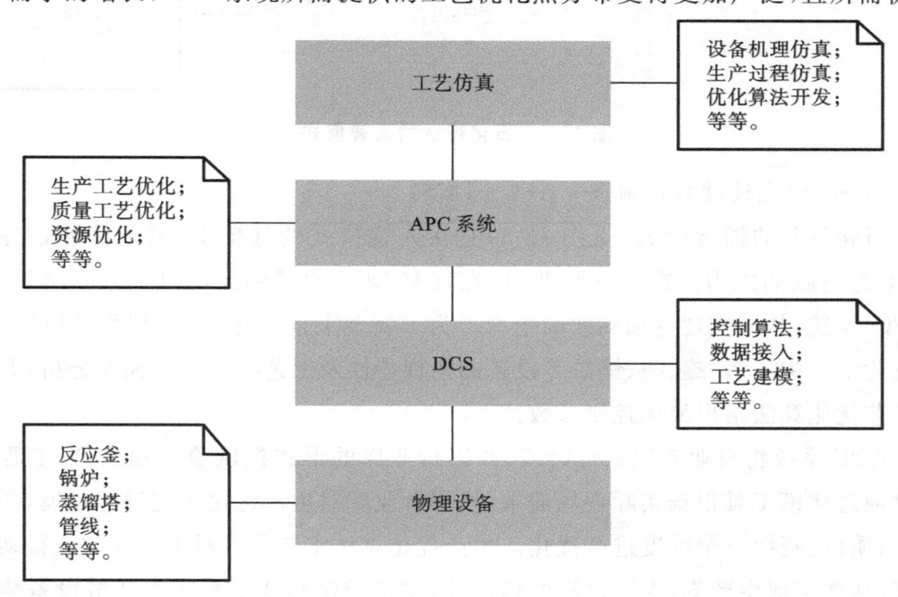

图 12-6　石化行业的混智模式

的范围由单一设备优化转为多设备构成的系统单元级优化。

石化生产工艺复杂度的不断提升将会导致工艺算法开发难度的上升，采用单一的自动化功能设计手段将难以确保算法的正确性与可验证性；借助模型仿真的设计软件，设备及生产工艺的动态特性（如温度、压力、湿度、浓度、流量）可在虚拟的环境中进行推演，极大增强了系统演化的可预见性。同时，业务专家可在虚拟环境中，通过建模方式开发对应的机理模型与工艺算法，并控制虚拟的设备对虚拟的生产环境进行调节。

在离线仿真完成后，用户可通过 DCS 或 APC 系统将实际现场的数据与仿真软件对接，从而验证优化算法的正确性；在验证结束后，仿真软件的算法可导入 APC 系统中，并由 APC 系统控制实际的工业现场。

4）机智模式（先进过程控制/仿真系统/人工智能——DCS＋APC＋仿真建模＋机器学习）

石化行业的机智模式（见图 12-7）是在混智模式的基础上，借助机器学习技术实现生产工艺的自调整与自优化；在石化生产过程中，存在一些未发觉却又影响生产效率（生产、质量、资源）的关联因素，当这些因素分布于跨生产单元的区域时，便会形成一系列非线性问题，且难以通过单纯的仿真建模解决。

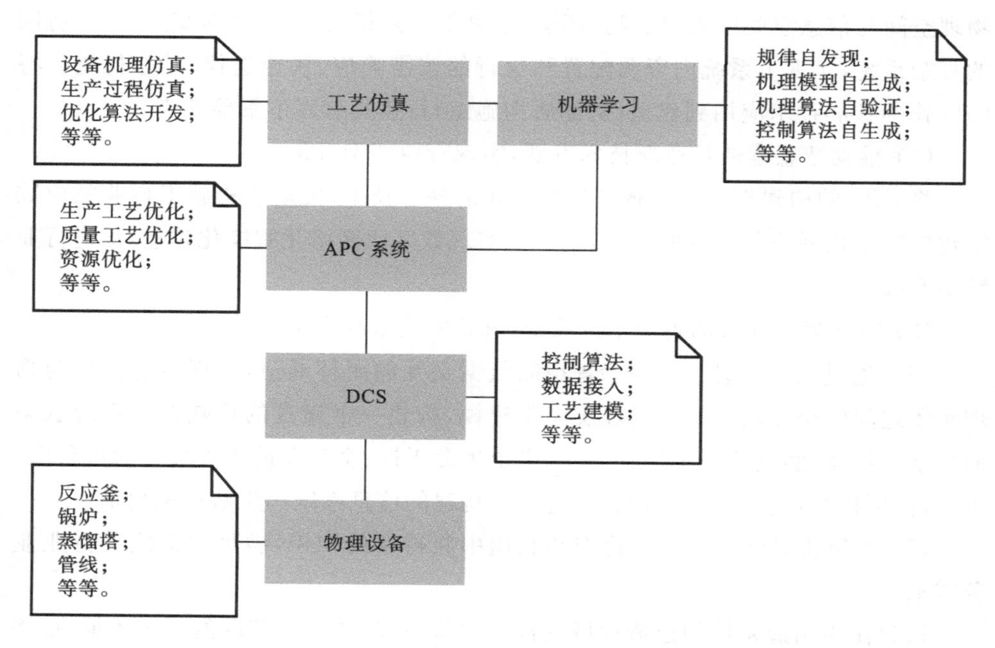

图 12-7　石化行业的机智模式

使用机器学习技术能够将系统发展中的隐性规律显性化，从而全面提升系统的自我认知能力(自感知);在发现规律后,利用机器学习技术可提出相应的优化算法假设,并在仿真软件中自动建模、自我验证(自决策);经过验证的算法会被机器学习技术筛选出来,并自动下装到 APC 系统中进行执行(自执行)。

4. 价值体现

以某石化企业的甲醇及转化烯烃项目为例,该企业建设从人智模式提升到辅智模式,取得了以下效益。

(1) 生产率保障:实现 170 万吨/年甲醇及 35 万吨/年线性低密度聚乙烯、35 万吨/年聚丙烯的生产目标。

(2) 计划调度操作一体化:产品验收率可提高至 85%。

(3) 设备可靠性管理:设备修理费用降低 5%,设备的可用性提高 5%,设备紧急抢修事件减少 30%。

(4) 能源管理体系:实现节能 10000 吨标煤/年。

12.3 建造行业

CPS 通过先进的感知、计算、通信、控制等信息技术和自动控制技术,构建了物理空间与信息空间中人、机、物、环境、信息等要素相互映射、适时交互、高效协同的复杂系统,实现了系统内资源配置和执行的按需响应、快速迭代、动态优化。将 CPS 作为核心技术应用到建造(例如盾构施工)行业具有以下重要意义。

(1) 推动智慧建造行业新技术发展,实现行业转型升级。

将 CPS 的构建作为发展智慧建造行业的核心技术,推动盾构施工行业完成数字化向数字化网络化跨越的目标,进一步实现数字化网络化智能化建造,促进行业转型升级。

(2) 有效集成现有的各个信息系统,真正实现数据自动流动。

CPS 通过构筑信息空间与物理空间数据交互的闭环通道,实现信息虚体与物理实体之间的交互联动。通过虚实同步建模,构建一个逼真的反映物理系统状态的数字孪生体,实现施工全过程、盾构机全生命周期、全产业链管理数据的可获取、可分析、可执行,充分发挥盾构施工过程中构建的信息系统产生数据的价值。

(3) 实现从对已有知识的管理和利用中获得新的知识,满足盾构施工行业业务需求。

知识作为制造领域和建造领域的核心竞争力,其产生和获取的模式不同,CPS 的构建实质上是人将部分认知与学习型的脑力劳动转移给信息系统,使得信息系统具有“认知”和“学习”的能力,并通过状态感知、实时分析、科学决策、精准执行实现数据在物理空间与信息空间之间的自动流动，不断自发产生知识，实现知识的更新替代，并通过“人在回路”的混合增强智能，从本质上提高系统处理复杂性、不确定性问题的能力。

(4) 搭建面向盾构产业协同的工业大数据智能分析与服务平台。

通过SoS级的盾构施工CPS的构建，将盾构施工、地质勘探、盾构设备制造与再制造等上下游产业链，以及业主、行业学会、政府部门等紧密地关联起来，通过大数据平台，实现跨系统、跨平台的互联互通和互操作，促成多元异构数据的集成、交换和共享的闭环自动流动，在全局范围内实现信息全面感知、深度分析、科学决策和精准执行。

1. 盾构施工需求分析

为构建盾构施工CPS，将盾构施工划分为装备和工程两个主线，如图12-8所示，其中装备主线分为装备选型、装备使用、装备运维以及装备再制造四个阶段，工程主线分为设计、仿真、试掘进、正式掘进以及完工五个阶段。下面分阶段、分层次按照业务流程对盾构施工过程中的业务痛点进行梳理。

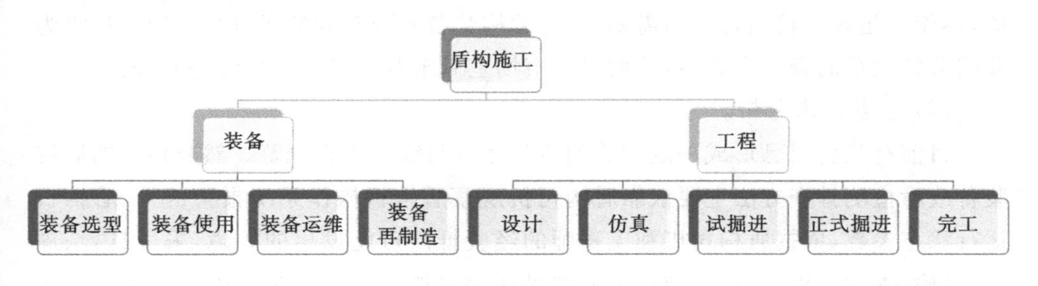

图12-8 盾构施工业务主线

1) 盾构装备层面需求分析

(1) 行业需求分析。

① 盾构装备作为一种机、电、液、控高度一体化的装备，结构复杂，系统关联度高。装备运行过程中面临的环境状况恶劣，工况复杂多变，装备长时间在低速、重载及变工况条件下工作，故障率高，计划维修成本高，因故障停机导致的计划外维修风险大。

② 盾构装备工作地域较为分散，结构复杂，现场维修技术人员和维修资源缺乏，企业对设备的管理难度大，设备管理与维修盲目低效，设备使用效率低。如何实现跨地域分布集群式状态管理和科学运维是施工企业面临的难题。

③ 由于缺乏有效的状态监测、故障诊断和预测、健康评估等手段，业主无法监控设备状况，由此而引起的施工质量、成本、工期等相关风险难以掌控。

④ 装备设计与制造部门无法掌握盾构装备在全生命周期中的相关信息，在提高装备可靠性和改进设计方面缺乏依据。同时，由于缺乏生命周期内装备状态变化数据，相关部门难以掌握其性能变化和衰退规律，在对其实施再制造的过程中缺乏依据。

(2) 市场需求分析。

面对 21 世纪我国城市地下空间开发利用的广阔市场，采用盾构掘进机施工将是主要的选择。据估计，未来在我国的地下空间建设中，ϕ6 m 的地铁盾构掘进机的需求量达 40 余台，铁路隧道将有部分采用盾构掘进机建设，在今后 10 年内，ϕ8.6 m 的盾构掘进机需求量约为 6 台。水电隧道将有相当一部分采用盾构掘进机建设，ϕ4 m 的盾构掘进机的需求量约 20 台。对于其他城市管道的建设，ϕ1.5～5 m 的盾构掘进机需求量约为 100 台。

我国目前还未将智能信息技术应用于实际工程，并且在此领域的研究与国外有着很大的差距，加强盾构智能信息化技术的研究已越来越迫切。目前使用的盾构设备多为国外引进的，相应的技术均受国外知识产权保护，而且其效率未充分发挥，不能满足我国目前发展的需要，实现盾构装备安全高效的运行与管理维护将为我国节省大量的资金和人力，然而目前市场上尚未有成熟的盾构装备 CPS。

(3) 企业需求分析。

目前有些公司已形成一定的盾构装备运行与维护流程规范。然而传统的盾构装备故障检测排查方法主要依靠盾构司机观察盾构机操作系统报警信号、盾构机运行状态参数，依据盾构司机和工程师的经验推断可能发生的故障，采用日检、周检、月检、季检等检修方式，结合定期油品送检手段进行盾构装备维护。盾构装备的日常维保由各项目部完成，当出现较为严重的故障时，由掘进设备技术中心负责维修业务。

上述装备维修方式中故障的排查需要依靠大量的人工经验，缺少科学性、系统性和规范性，因而存在大量的疏漏和误判。同时所采用的维修模式仍然属于传统的定期维护策略，一方面所消耗的维护人员、时间和物力成本较高，另一方面不利于提高盾构装备的使用效率和灵活性。因此亟须实现盾构装备的科学、系统性健康监测、故障诊断和预测性维护。

目前，大量的盾构装备分散在全国不同地域进行施工作业，且未来地下施工业务还将持续增长。不同地质特性和施工要求对装备设计选型有不同的要求，同时还需要对历史装备运行信息和故障信息进行分析挖掘以指导未来装备健康管理和运维管理。作为大型贵重装备，施工结束后拆解的盾构装备还需要进行再制造评估。因此，如何构建盾构装备的运行与维护 CPS 方案亟待解决。

盾构装备运行过程中主要业务集中于两个方面，即健康管理和运维管理。在盾构装备运行时，由于装备的高度集成性以及工作地质的复杂性，常常会发生装备异常运行的情况，如果现场人员和维修人员未能察觉，就会导致事故的发生。盾构装备运行过程中需要关注哪些问题以及如何进行预测性维护，这两个问题是企业较为关注的。因此将盾构装备 CPS 分为健康管理 CPS 与运维管理 CPS 两条主线。下面对盾构装备运行过程分层次、分阶段的业务痛点进行剖析，如表 12-1 所示。

表 12-1　盾构装备的业务痛点

阶段	业务痛点	描述
装备选型	装备型号选择	根据地质情况进行盾构装备型号精准选择困难
	刀具刀盘选型	根据地质、装备情况进行刀具刀盘合理匹配困难
	装备报价租赁	装备租赁精确报价困难
装备使用	刀具刀盘状态监测、健康状态评估、故障诊断、故障预测	为实现刀具刀盘健康监测评估，需要进行刀具刀盘故障影响因素分析、刀具刀盘当前状态监测、刀具刀盘健康状态评估、刀具刀盘故障诊断、刀具严重磨损预测等，以解决因刀具刀盘故障产生的相关问题（换刀风险、刀具磨损严重引发的地面沉降等问题）
	主轴承及减速机状态监测、健康状态评估、故障诊断、故障预测	为实现主轴承及减速机健康监测评估，需进行主轴承、减速机故障影响因素分析，主轴承、减速机状态监测，主轴承、减速机健康状态评估，主轴承、减速机故障诊断，主轴承、减速机故障预测等，以解决因主轴承及减速机故障产生的相关问题
	液压泵与液压马达状态监测、健康状态评估、故障诊断、故障预测	为实现液压泵与液压马达健康监测评估，需进行液压泵与液压马达故障影响因素分析、液压泵与液压马达状态监测、液压泵与液压马达健康状态评估、液压泵与液压马达故障诊断、液压泵与液压马达故障预测等，以解决因液压泵与液压马达故障产生的相关问题
	推进油缸状态监测、健康状态评估、故障诊断、故障预测	为实现推进油缸健康监测评估，需进行推进油缸故障影响因素分析、推进油缸状态监测、推进油缸健康状态评估、推进油缸故障诊断、推进油缸故障预测等，以解决因推进油缸故障产生的相关问题

续表

阶段	业务痛点	描述
装备使用	润滑与密封状态监测、健康状态评估、故障诊断、故障预测	为实现润滑与密封系统健康监测评估,需进行润滑与密封系统故障影响因素分析、润滑与密封系统状态监测、润滑与密封系统健康状态评估、润滑与密封系统故障诊断、润滑与密封系统故障预测等,以解决因润滑与密封系统故障产生的相关问题
装备运维	多级远程健康信息可视化	多级远程健康信息可视化
	预测性维护决策	预测性维护决策
	盾构装备维修支持与维修验收	备品备件管理、维修排程优化等
	远程维修技术支持	远程维修技术支持
装备再制造	盾构装备服役可靠性评估	盾构装备服役可靠性评估
	盾构装备再制造评估	装备残值利用等
	盾构装备选型设计支持	装备改进问题等

2) 盾构施工层面需求分析

盾构机集机、电、液、控于一体,具有工厂化、流水线作业的特点,施工工序环环相扣,某一系统部件的损坏就有可能使整个装备停机瘫痪,从而导致无法正常施工,影响掘进。针对施工过程,下面对设计仿真阶段—盾构掘进阶段—完工阶段进行业务痛点梳理,如表 12-2 所示。

表 12-2 盾构施工过程中的业务痛点

阶段	业务痛点	描述
设计仿真	场地信息仿真、专项施工方案仿真、应急预案仿真、施工图预算	存在交通疏解、管线迁改、场地布置规划不合理等问题
	地层状况分析方案库、施工方案策划库、专项施工方案库、应急预案库、施工图预算库	存在多种业务方案库经验知识共享难问题
	盾构掘进训练、盾构装备操作训练、应急操作训练、土-机关系训练、装备维修训练	存在多种业务培训问题

续表

阶段	业务痛点	描述
盾构掘进	施工安全问题包含地面沉降、建筑物沉降、管线沉降、电瓶车溜车等	存在地面沉降、建筑物沉降、管线沉降、电瓶车溜车风险
	异常工况问题包含结泥饼、堵舱等	存在结泥饼、堵舱等异常工况
	施工质量问题包含管片拼装质量与轴线偏差问题	存在管片拼装质量(例如:相邻管片的径向错台、相邻环片环向错台、圆环整环旋转、管片拼装位置偏差等)以及轴线偏差、姿态失控等问题
	土-机关系耦合问题包含掘进参数设定以及不良地质等	存在因不良地质问题导致的施工安全、质量、异常工况等问题
	成本问题	成本问题
	工期问题	进度问题
完工	数字化交付	存在数字化交付不完整问题

(1) 设计仿真阶段。

在该阶段,可能会存在交通疏解、管线迁改、场地布置规划不合理等问题;专项施工方案、应急预案、施工图预算等知识共享困难问题,多种业务方案库经验知识共享难问题;以及多种业务培训问题。

(2) 盾构掘进阶段。

盾构掘进阶段业务痛点主要包括异常工况、安全、质量、土-机关系、工期、成本六个方面的问题。

① 异常工况:异常工况包括出现结泥饼和堵舱等现象,如图12-9所示。

现状:这类问题在盾构施工中很难处理,特别是在黏土环境下施工时,渣土改良效果不明显,容易导致刀盘接头被堵,在高温环境下难以处理,同时导致土舱被堵,不能建立正常压力状态,会引起地下水喷涌、地面沉降等严重事故。引起该问题的主要因素有螺旋口出渣状况、刀盘扭矩、温度、贯入度等,这些数据通常可以通过视频监控信息、地质信息、传感器信息和人工知识得到。

需求:安质部门和施工管理人员希望通过实时分析,对泥饼和堵舱问题进行多参数分析预警,找出隐含原因,进行控制和优化,同时根据预警和控制结果建立知识库,为现场和操作人员提供培训和指导,避免施工经验的浪费。现场操作人员则希望通过优化相关的运行参数和选择不同的渣土改良方法来避免该类问题的发生,同时对不同地质环境下的渣土改良知识进行管理,建立知识库,为以后的施工

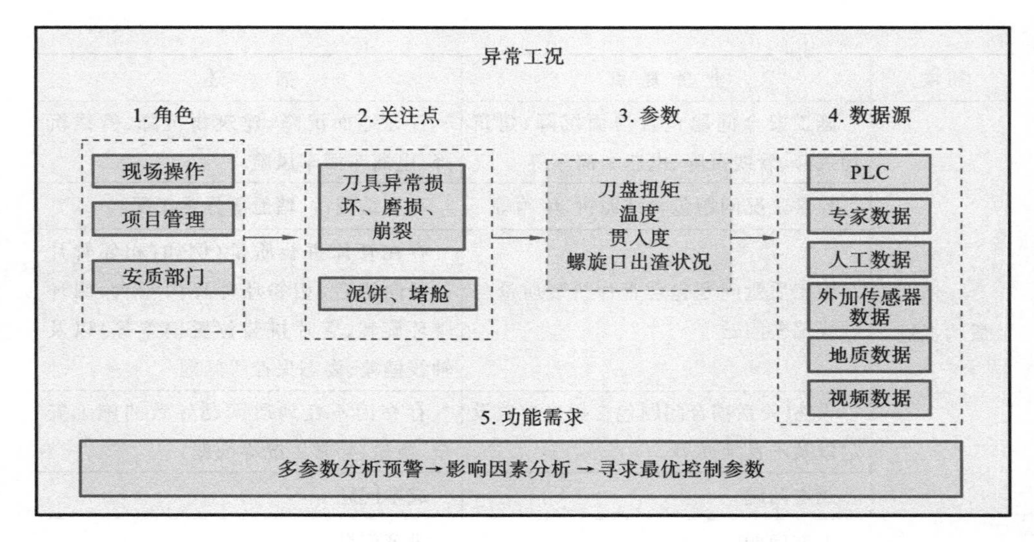

图 12-9 异常工况问题需求分析

提供帮助,提高施工过程质量,降低施工成本。

② 安全:安全问题主要包括环境安全和机械安全,如图 12-10 所示。

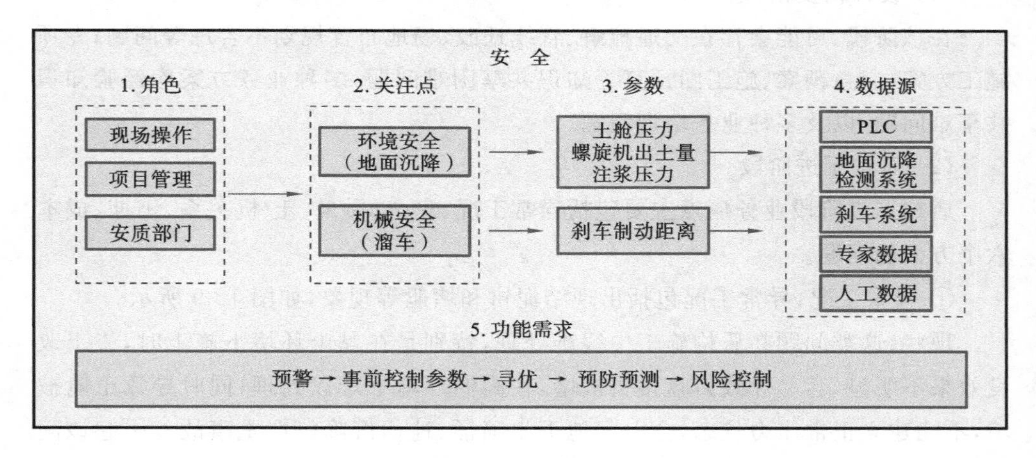

图 12-10 安全问题需求分析

环境安全主要指地面沉降,是由于内外压力不平衡导致的地面沉降或塌陷等安全问题。

现状:地面沉降的影响因素包括出土量、土舱压力、注浆压力、推进速度和刀盘转速,其核心问题是出土量。这些数据来自地面监测系统、地下监测系统、PLC 数据和相关专家知识。以往现场施工人员通过定时预置土舱压力来解决这一问题,当埋深太浅时,需要现场控制,通过加固地面和二次补浆的方法进行辅助处理。这些方法属于滞后处理的方法，可能会出现控制能力不足的问题，并且无法实现对地面沉降的事前控制。

需求：现场操作人员需要在事前通过调整相关参数来控制地面沉降量，避免沉降事故的发生，当沉降量超标时，需根据影响因素的分析结果，快速找到主要原因，进行控制。项目管理部门和安质部门需要根据沉降量预测曲线制定设备施工计划，对施工过程进行合理的调整和管理。

机械安全包括电瓶车溜车，会引起重大安全事故，带来巨大的社会影响。

现状：电瓶车溜车是指电瓶机车脱轨或速度不可控而导致的安全问题，它会给企业和施工单位造成巨大的经济损失，甚至人员伤亡。影响该事故的主要因素是刹车制动距离，该参数来自电瓶机车的刹车系统。

需求：现场操作人员需要得到溜车的预警推送信息以便在施工过程中进行实时参数优化调整来预防溜车事故，同时在事故发生后，快速找到原因，避免事故再次发生。项目管理部门和安质部门希望得到不同工作环境下溜车事故的预测信息，以便在项目开始前进行风险评估，调整施工计划。

③ 质量：隧道轴线偏差过大时往往难以采取补救措施，可能会造成施工终止甚至无法通车等严重施工质量问题。质量问题主要指隧道轴线偏差，如图 12-11 所示。

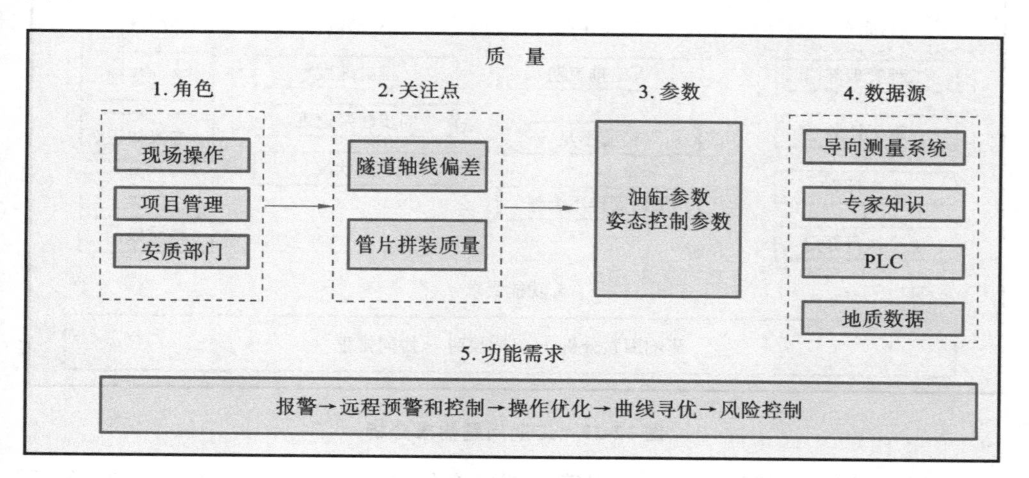

图 12-11　质量问题需求分析

现状：隧道轴线偏差是指隧道实际掘进轨迹偏离设计路线的质量问题。该问题对施工部门来说影响是巨大的，因为偏差过大时往往难以采取补救措施，可能会造成施工终止甚至无法通车等严重施工质量问题。影响隧道轴线偏差的主要参数是油缸参数和姿态控制参数，同时系统自身测量系统的精度也对中线偏移有很大影响,这些数据通常来源于导向测量系统、PLC 数据、地质数据和专家知识。

需求:现场操作人员需要根据预警推送信息采取控制油缸压力和供油量的方法来进行缓和曲线的控制和寻优。项目管理部门和安质部门需要得到远程预警和控制推送信息,下达施工安排,及时管理施工任务,提高施工质量。

另外,质量问题也包括管片拼装质量问题。

④ 土-机关系:盾构掘进机对地质条件和岩土力学参数的依赖性较强,对软硬交替复杂地层的适应性较差,当盾构机穿越不良地质时,易发生突水、涌砂、涌泥、塌方、卡机等重大事故,准确、及时获知掌子面前方地质条件对盾构机安全高效掘进至关重要。目前,盾构机掘进参数主要依靠人为经验控制,正在运行的大量盾构装备和已有盾构施工案例等海量信息数据未得到充分挖掘和利用,缺乏先进可靠的数据获取和分析平台,缺乏盾构机掘进中地质信息、机械电液信息和土-机作用信息的有效感知分析和智能控制方法,一旦遭遇地层变化或复杂地质条件难以进行掘进方案和控制参数的及时有效调整。

⑤ 工期:以往人工排工期会由于经验不足等导致工期安排不合理,造成项目拖期,如图 12-12 所示。

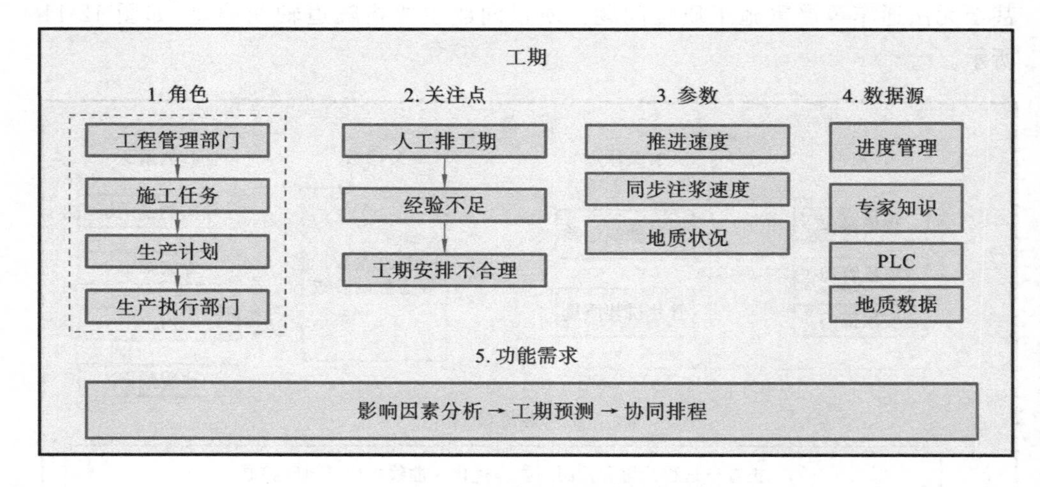

图 12-12 工期问题需求分析

现状:每个工程开始之前,工程管理部门会给各个项目组下达施工任务,各项目组根据施工任务制定生产计划然后由生产执行部门安排生产进度进行排程。人工排工期会由于经验不足等导致工期安排不合理。因此,科学合理的工期安排是施工单位和管理部门非常关心的问题之一。影响工期的因素很多,主要有推进速度、同步注浆速度和地质状况等。这些数据主要来源于进度管理信息、专家知识信息、PLC数据和地质数据等。

需求：工程管理部门需要了解不同地质环境下影响工期安排的主要因素，进行工期预测、成本核算和协同排程。施工部门希望及时、准确地了解施工环境下真正影响工期的因素，变已有的月总结为日总结，进行科学施工，缩短工期，降低成本。

⑥ 成本：成本影响因素太多，针对不同地质条件，快速、准确地进行成本预估和核算很困难。成本预估和核算主要包括消耗材料的统计和分析，如图12-13所示。

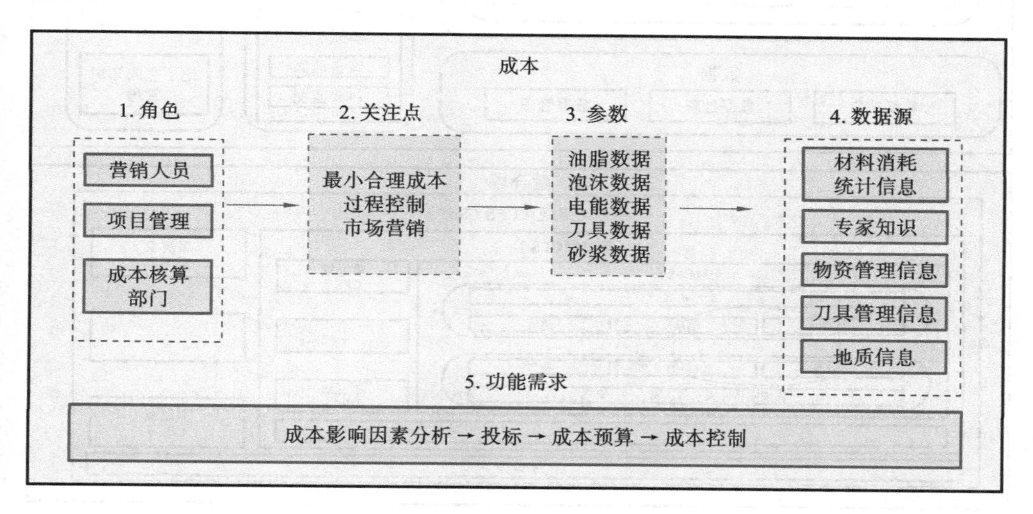

图12-13 成本问题需求分析

现状：成本的影响因素主要包括油脂、泡沫、电能、砂浆、刀具，相关数据主要来源于材料的消耗统计信息、专家知识、物资管理信息、刀具管理信息和地质信息。

需求：每个项目开始前，公司成本核算部门会对每个项目下达经济考核指标，生产和施工部门需要针对不同施工地质条件和耗材的统计分析，快速、准确、科学地对项目的可变成本进行预估，进行施工成本控制以实现在最小合理成本下施工的目的。

2. 盾构施工CPS体系架构

以CPS体系架构标准为参照，针对上述盾构施工业务痛点，构建盾构施工CPS体系架构，如图12-14所示。

1）盾构施工融合域

融合域划分为单元级、系统级、SoS级三个层次。

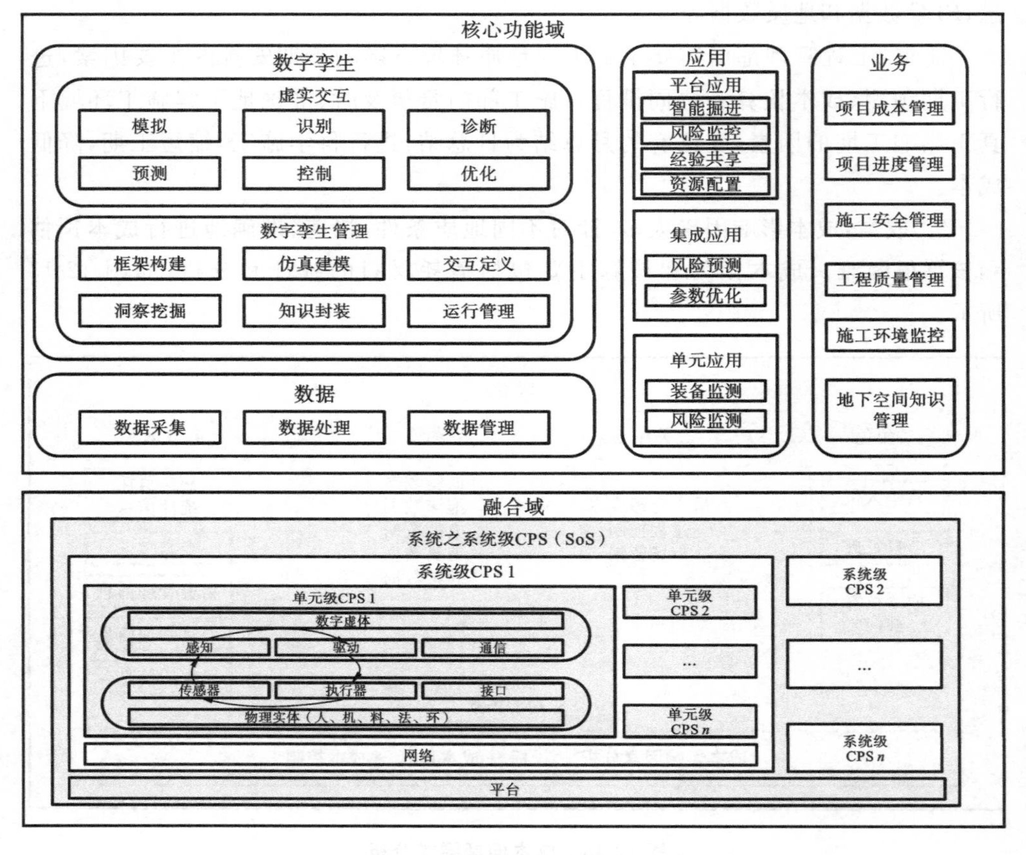

图 12-14　盾构施工 CPS 体系架构

(1) 单元级 CPS 子域。

单元级 CPS 可以通过网络组成更高层次的 CPS，即系统级 CPS；系统级 CPS 可以通过网络和平台构成 SoS 级的 CPS。盾构施工风险管理单元级 CPS 关注地面沉降、轴线纠偏、管片拼装、喷涌、结泥饼、不良地质等；盾构装备单元级 CPS 包含装备零部件的状态监测、健康状态评估、故障诊断、故障预测、维修决策等。

① 物理实体功能组件：物理环境包含地质环境、施工线路等，物理实体包括盾构设备、物料设施等。在盾构机作业过程中，施工人员根据施工工法，沿选定的施工线路进行挖掘作业，通过传感器、PLC 等感知盾构机状态，控制盾构机工作，盾构机根据执行指令进行挖掘作业，结合施工风险管理和装备运维管理等，在作业场址中完成隧道建设。

② 传感器功能组件：可利用传感器获取施工人员、盾构机、施工工法、地质环境等物理数据信息。

③ 执行器功能组件：盾构机通过刀具刀盘等设备执行施工人员施工指令，进行施工作业。

④ 接口功能组件：接口包括硬件接口和软件接口。硬件接口是物理实体和数字虚体之间的通信规则。软件接口是指利用方法、属性、事件等软件接口实现物理实体和数字虚体之间的数据通信。

⑤ 数字虚体功能组件：对盾构施工物理实体进行数字化表示，数字模型包含使用 Revit 建立的车站及盾构区间的信息模型、沿线相关地面建(构)筑物的 BIM 模型、使用 CATIA 建立的盾构机模型以及采用 Autodesk CAD Civil 3D 建立的地层地质模型等。通过建立物理实体和数字虚体之间的数据流自动双向流动，可完成物理实体虚体映射。此外，施工风险管理和装备运维管理等可精准表达物理实体在虚拟空间的作业状态和工作状态。

⑥ 感知功能组件：通过智能化数据采集硬件对盾构施工全过程中的人、设备、物料、环境等信息进行处理和分析。

⑦ 驱动功能组件：通过 DCS、PLC 等控制盾构机开展施工动作。

⑧ 通信功能组件：CPS 之间的交互可以通过地下无线组网来实现。

(2) 系统级 CPS 子域。

在单元级 CPS 的基础上，利用现场总线、地下无线组网等网络通信方式对不同单元级 CPS 进行连接集成，通过信息空间与物理空间不同环节的数据流动，实现系统级 CPS 的协同调配和交互协作。盾构施工风险管理系统级 CPS 包含安全、质量、异常工况、地质等；盾构装备运维管理系统级 CPS 包含装备系统级的状态监测、健康状态评估、故障诊断、故障预测、维修决策等。

(3) SoS 级 CPS 子域。

在盾构施工风险管理、盾构装备运维管理等系统级 CPS 的基础上，集成开发 CPS 平台。利用 CPS 平台协同调用不同系统级 CPS，对施工状态、生产计划、设备状态进行统一监测、实时分析、集中管控等，从而实现施工单位企业级盾构智能风险控制、盾构施工智能掘进、盾构装备健康管理、盾构装备运维管理等。

2) 盾构施工核心功能域

(1) 数字孪生子域。

数字孪生子域为信息物理系统提供模拟、识别、诊断、预测、控制和优化等虚实交互功能，以及框架构建、仿真建模、交互定义、洞察挖掘、知识封装与运行管理等数字孪生管理功能。

① 虚实交互功能组件。

- 模拟：在盾构施工开始之前，运用 BIM 技术搭建虚拟仿真环境，模拟盾构施工过程，尽可能模拟盾构施工过程中盾构装备本身的状态、行为、运行参数，以及因复杂地质情况或突发状况造成的盾构施工风险（如安全、质量、异常工况、工期、成本等）问题，并为后续盾构施工参数的确定以及面对安全、质量问题以及异常工况时的决策制定提供依据。

● 识别：对盾构机掘进中地质信息、机械电液信息和土-机作用信息的有效感知分析，揭示不同地质、岩土体参数下盾构机主要掘进参数（掘进模式、土舱压力、刀盘扭矩、刀盘转速、推进力、推进速度等）的顺应行为和变化规律，重点对断层、破碎带、软弱地层、含水构造等高风险地层进行识别。

● 诊断：在盾构施工过程中，施工参数会实时反映在盾构装备各数字孪生体中，通过盾构装备数字孪生体可以实现对物理空间中盾构施工过程的动态实时可视化监控，并可基于所得的实测监控数据和历史数据实现对物理空间中盾构装备的故障诊断。

● 预测：在盾构施工过程中，将最新的盾构施工参数关联映射在盾构装备各数字孪生体中，并基于物理模型、机理模型以及预测分析模型，实时预测和分析物理空间中盾构施工全过程的安全性和稳定性。

● 控制：在盾构施工过程中，通过分析实时的盾构施工过程数据，实现对工程质量和施工进度的控制。通过分析实时的盾构施工参数，实现对物理空间中盾构施工的控制。

● 优化：对盾构机掘进中不同地质条件、岩土体类型、掘进参数、刀具损耗、机械振动参数、出土情况、掘进载荷、工作效能等多因素的相关性进行系统研究，考虑多目标动态优化和基于大量已有案例的专家决策，通过搜集大量的盾构机穿越不良地质的成功应对方案对盾构机掘进参数和掘进方案进行优化，当遭遇地层变化或复杂地质条件时对掘进方案和控制参数进行及时有效调整。

② 数字孪生管理功能组件。

● 框架构建：根据盾构施工业务流程建立施工业务全周期数字链，以数字链设计盾构施工数字孪生框架，将物理实体、数据资源、虚拟模型、智能服务等进行融合，构建盾构施工数字孪生图谱。

● 仿真建模：搭建虚拟仿真环境，构建统一建模语言与方法，通过机理模型、数据模型、行业知识等多模态模型对盾构施工过程进行全方位模拟，尽可能模拟盾构施工过程中盾构装备本身的状态、行为、运行参数，以及因复杂地质情况或突发状况造成的盾构施工风险（如安全、质量、异常工况、工期、成本等）问题。

● 交互定义：通过定义盾构施工过程不同数字孪生之间的统一化接口与互操作规范，通过盾构施工过程数字孪生之间的逻辑关系，实现盾构施工过程不同数字孪生体的协同运行。

● 洞察挖掘：针对盾构施工过程，对盾构装备施工状态相关特征信息进行预测性建模与相关性挖掘。

盾构机轴线偏差的预测性建模：通过盾构机施工机理-数据融合建模方法，建立盾构机轴线偏差基线模型，预测轴线偏差发展趋势。

相关性挖掘：利用数据挖掘与统计分析技术，对盾构施工过程中施工数据信息之间的相关性进行挖掘。

● 知识封装：盾构施工过程中信息物理系统可持续地积累知识，这些知识包括但不限于盾构施工过程中掘进轴线偏差、掘进姿态、盾构机刀盘故障模式、故障阈值判断标准与分析模型。

知识结构建立：挖掘盾构施工过程中信息物理系统各功能组件的输入输出关系，并形成相应的逻辑关系。

知识生命周期管理：根据专家知识、机理模型和数据模型迭代变化实时更新知识结构。

● 运行管理：依据盾构施工过程数字孪生框架与建模要求，基于盾构施工过程数字孪生框架逐步装载盾构施工过程的数字链、仿真模型、机理模型、数据模型、异构模型等，支撑盾构施工过程数字孪生运行的动态变化，实现虚实同步和虚实映射。

（2）数据子域。

依托传感器等数据采集设备、大数据等数据处理技术，以及多源异构数据管理工具，开发形成数据采集功能组件、数据处理功能组件和数据管理功能组件，以支撑数据采集、数据处理、数据管理。

（3）业务子域。

在盾构施工过程项目成本管理、项目进度管理、施工安全管理、工程质量管理、施工环境监控、地下空间知识管理等领域应用信息物理系统。

（4）应用子域。

① 平台应用功能组件。

利用大数据平台对盾构施工集成级 CPS 进行集成开发，实现智能掘进、风险监控、经验共享、资源配置等。

● 智能掘进：通过盾构施工风险监控以及盾构装备的健康与运维管理实现高效智能掘进。

● 风险监控：对盾构施工过程中遇到的安全、质量、异常工况、不良地质等风险进行监测、预测和控制。

● 经验共享：对设备选型、刀具刀盘选型，以及各种方案库等经验知识进行共享。

● 资源配置:平台根据供给量和需求量的变化,实时调整平台上资源的供给和需求。

② 集成应用功能组件。

利用盾构施工现场总线、地下组网等技术对单元级 CPS 进行集成互联,实现风险预测、参数优化等。

● 风险预测:在盾构施工过程中,将最新的盾构施工参数数据关联映射到盾构施工各数字孪生体中,并基于物理模型、机理模型和预测分析模型,实时预测和分析物理空间中盾构施工全过程的安全性和稳定性。

● 参数优化:对盾构施工中不同地质条件、岩土体类型、掘进参数、刀具损耗、机械振动参数、出土情况、掘进载荷、工作效能等多因素的相关性进行系统研究,考虑多目标动态优化和基于大量已有案例的专家决策,通过搜集大量的盾构掘进机穿越不良地质的成功应对方案对盾构机掘进参数和掘进方案进行优化,当遭遇地层变化或复杂地质条件时进行掘进方案和控制参数的及时有效调整。

③ 单元应用功能组件。

单元级应用是 CPS 中颗粒度最小的功能,对施工、装备运行等过程进行实时监测。

● 装备监测:监测对象包括盾构装备的各个零部件。

● 风险监测:监测对象包含地面沉降量,轴线偏差量,喷涌、结泥饼发生情况、管片拼装质量等,形成个体级、群体级、产业链级应用架构与"一个主中心+多个分中心"的盾构施工智能服务体系。

从根本上推进盾构施工全生命周期各阶段的高效协同:通过数字纽带技术,在盾构施工全生命周期各阶段,将 BIM 设计、盾构掘进、装备再制造等各个环节数据在盾构施工数字孪生体中进行关联映射,实现产品全生命周期各阶段的高效协同,最终实现虚拟空间向物理空间的决策控制,以及数字盾构到物理盾构的转变。

数字化的盾构施工全生命周期档案,为全过程风险的持续监控和工程质量的保证奠定了数据基础:盾构施工数字孪生体是盾构施工全生命周期的数据中心,记录了盾构施工从勘察设计直至装备再制造的所有模型和数据,是物理盾构在全生命周期的数字化档案,反映了盾构施工在全生命周期各阶段的状态和行为,在盾构施工所处的任何阶段都能够调用该阶段以前所有的模型和数据,盾构施工在任何时刻、任何地点和任何阶段都是状态可视、行为可控、质量可追溯的。

3. 盾构施工 CPS 应用架构和智能服务体系

针对盾构施工特点,构建盾构施工 CPS 应用架构和智能服务体系,如图 12-15

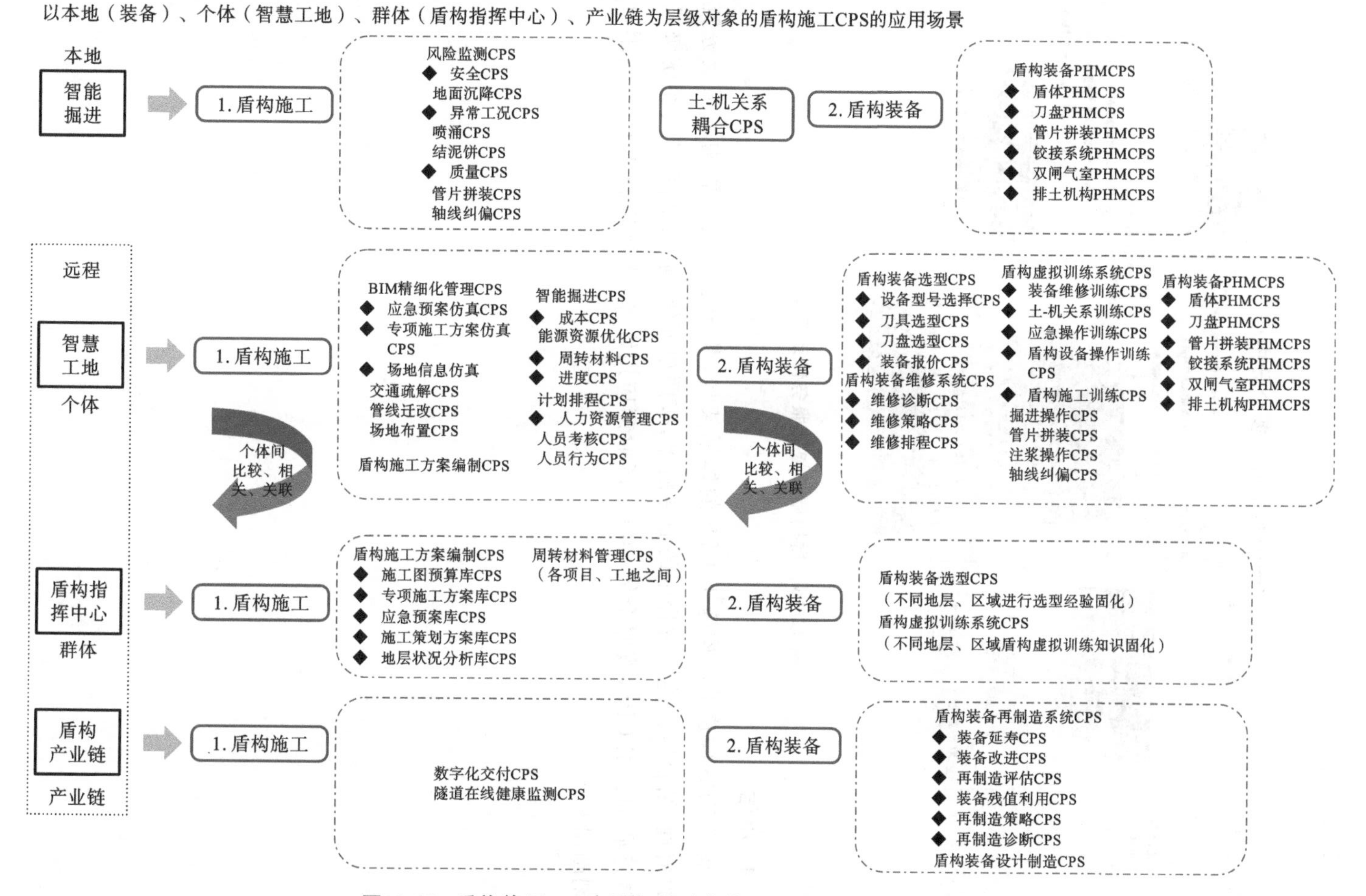

图12-15　盾构施工CPS应用架构（个体级、群体级、产业链级）

和图 12-16 所示。

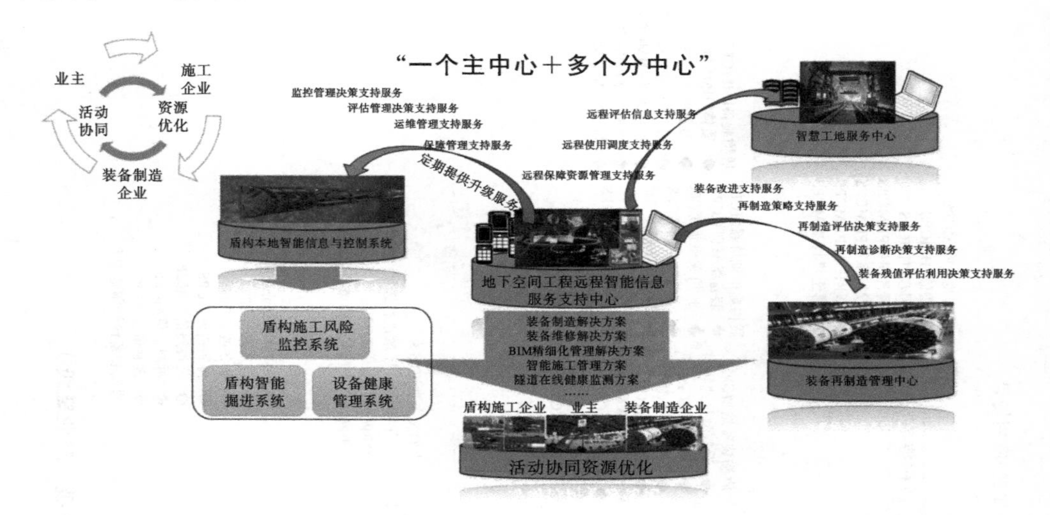

图 12-16 盾构施工智能服务体系示意图

4. 小结

基于 CPS 构建了盾构施工 CPS 的体系架构，基于数字化的盾构施工业务流程的梳理，结合盾构施工过程中的业务痛点，按照单元级、系统级、系统之系统级维度构建盾构施工 CPS，按照个体、群体、产业链应用维度，将盾构施工 CPS 应用过程刻画出来。

第 7 篇　信息物理系统之测试篇

第 13 章　信息物理系统的测试方法

信息物理系统测试验证平台通过标准化的测试方法、系统化和模型化的测试过程，对共性关键技术开展测试验证，并能够对外提供服务；通过系统数字化模型、测试工具和测试用例的研发，使共性关键技术测试验证能力显著提升；通过知识库、模型库和资源库、标准库的构建，使知识与经验沉淀，持续优化完善测试验证服务；通过服务门户的建设，使共性技术与测试技术能够得到有效推广和应用。整体方案如图 13-1 所示。

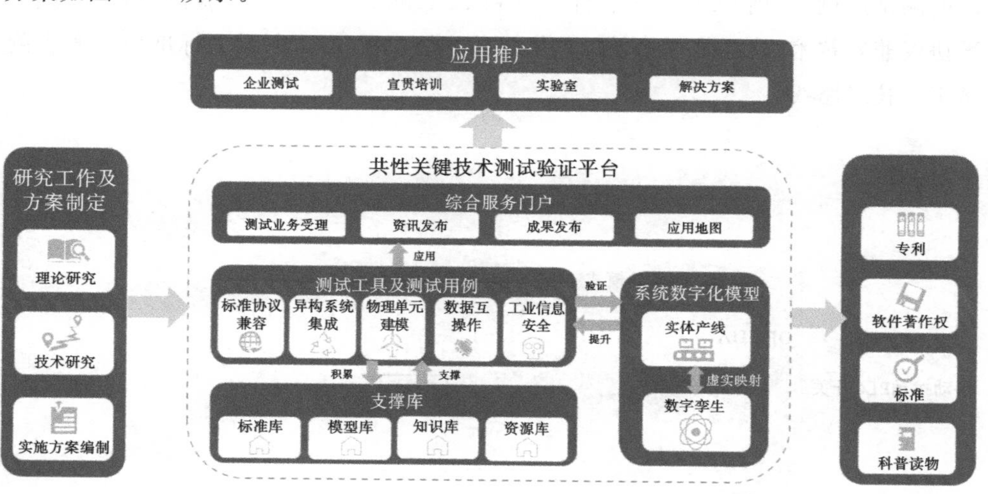

图 13-1　项目整体方案

第 14 章　信息物理系统的测试系统

14.1　测试工具及测试用例

1. 标准协议兼容测试工具

1）解决问题

目前工业现场中的各类设备协议众多，数据采集和打通大多采用工业网关实现，本工具对用于实现生产单元标准协议兼容的网关类产品进行测试，对兼容协议的种类和协议转换的准确性进行客观呈现，例如针对罗米测控、研华、赫优讯、鼎实等厂商的数据采集类产品。

2）技术路线

开发基于 OPC UA 的软件工具、具有多种标准协议接口的 Loadbox 工具和对应的测试用例，使用 OPC UA 软件工具和 Loadbox 工具的闭环验证平台，测试标准协议兼容技术，检测物理单元标准协议兼容性。图 14-1 所示为标准协议兼容测试工具技术路线。

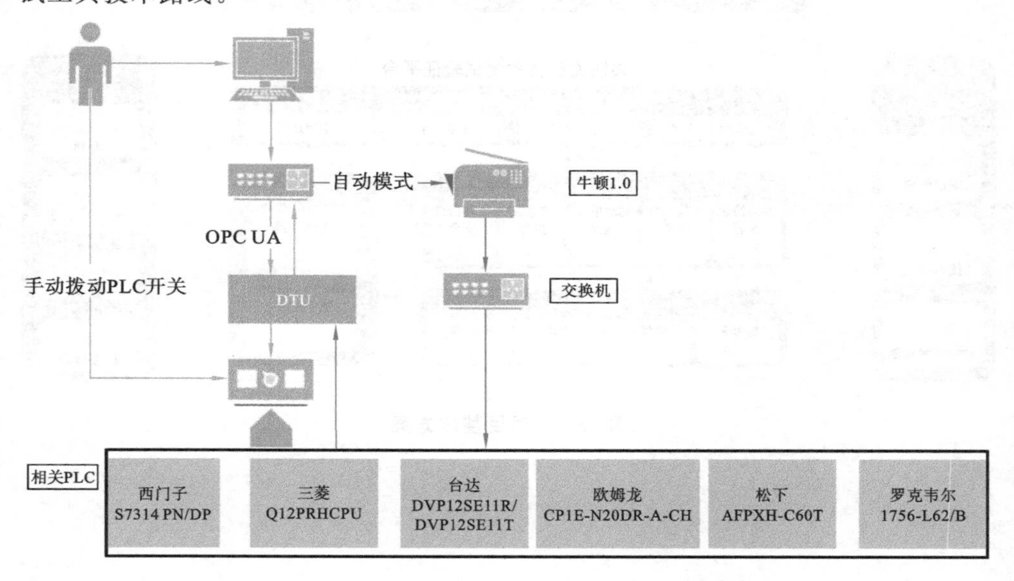

图 14-1　标准协议兼容测试工具技术路线

3）成果

硬件部分：负载工具通过集成具有标准总线协议的控制器和牛顿 1.0 网关而成。具有标准协议的控制器为被测单元提供协议接口，牛顿 1.0 网关为控制器信号的切换提供链路，同时可以监控控制器的实际信号信息。负载工具工作模式有两种：自动模式和手动模式。在自动模式下，控制器的信号通过牛顿 1.0 网关实现信号的改写。在手动模式下控制器的信号通过负载工具面板的按钮或者旋钮来改变。图 14-2 所示为标准协议兼容测试工具实物。

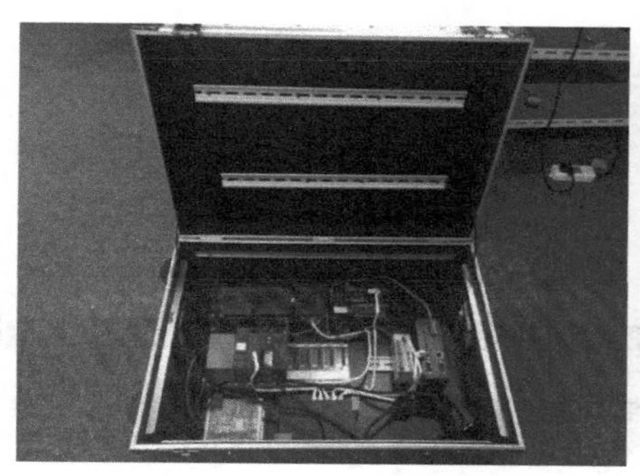

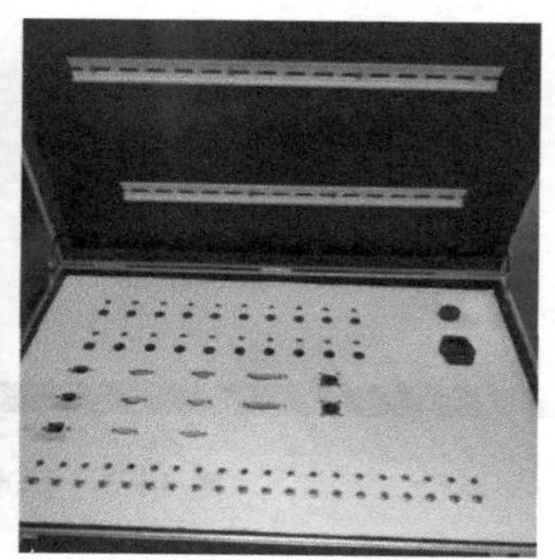

图 14-2　标准协议兼容测试工具实物

软件部分：软件工具给用户提供作业指导，存储测试的结果，供用户调阅测试报告，用户只需简单配置即可按照需求去完成相应的测试；软件工具可以对标准协议兼容性进行验证，实现对被测单元的监测，并生成测试报告。图 14-3 所示为标准协议兼容测试工具界面。

测试用例：标准协议兼容测试箱必须能够测试多种现场标准总线协议。目前现场常见的协议有 Modbus RTU、Modbus ASCII、Modbus TCP、Profibus-DP、Profinet、CANopen、OPC DA、OPC UA 等。开发的标准协议兼容测试箱可以对常见协议进行测试。

4）使用方法

测试流程：选择通信协议与测试用例；选择是否自动测试；连接负载工具生成配置结果；开始测试并解析配置；生成测试报告。

测试结论：本测试工具根据测试用例中激励和响应的逻辑关系，自动判定测试用例执行的结果，测试用例返回的结果分为“通过”“未通过”，测试通过的使用红色背景标注，测试未通过的使用绿色背景标注。

可配置性：根据用户的测试需求，可以在测试项目中选择要做测试的测试项，双击切换测试项的开关状态，被选中的测试用例可以一次性全部执行。

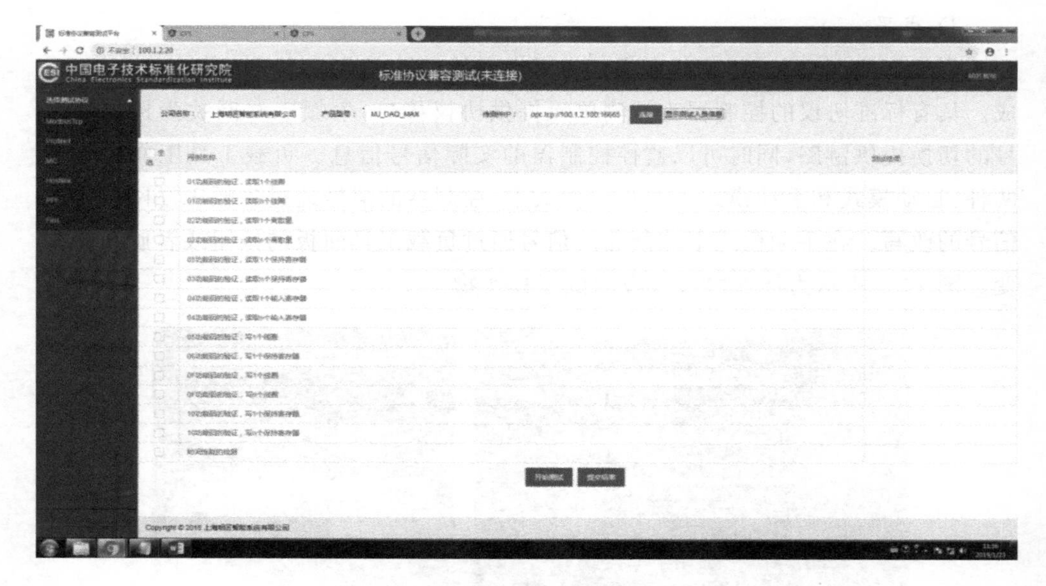

图 14-3　标准协议兼容测试工具界面

5）创新性

支持自动化测试，硬件工具通过现场总线接收到指令之后更新信号状态，软件工具按照测试策略自动启动测试。

2. 异构系统集成测试工具

1）解决问题

对目前工厂内信息系统与其他系统之间的集成能力进行测试，对信息系统间的接口连通性能、接口协议种类进行测试，全面评估信息化系统的异构集成能力。

2）技术路线

开发测试工具，查看待测应用对主流标准协议和主流数据库连接的支持情况，从而对异构系统集成技术进行测试。测试对象为企业内部常用系统，包括但不局限于 ERP(企业资源计划)、MES(制造执行系统)、WMS(仓储管理系统)、SCM(供应链管理系统)、APS(高级计划与排程)、OA(办公自动化)。通过测试验证企业常用系统对常用标准协议的支持情况，从而确认其接入 CPS 环境时支持的标准或协议列表。图 14-4 所示为异构系统集成测试工具技术路线。

3）成果

软件架构：本测试工具基于互联网主流的 Java 框架构建，前端接入待测应用系统，中间为测试一体机平台，后端为数据库，用于保存测试结果与测试样本数据。

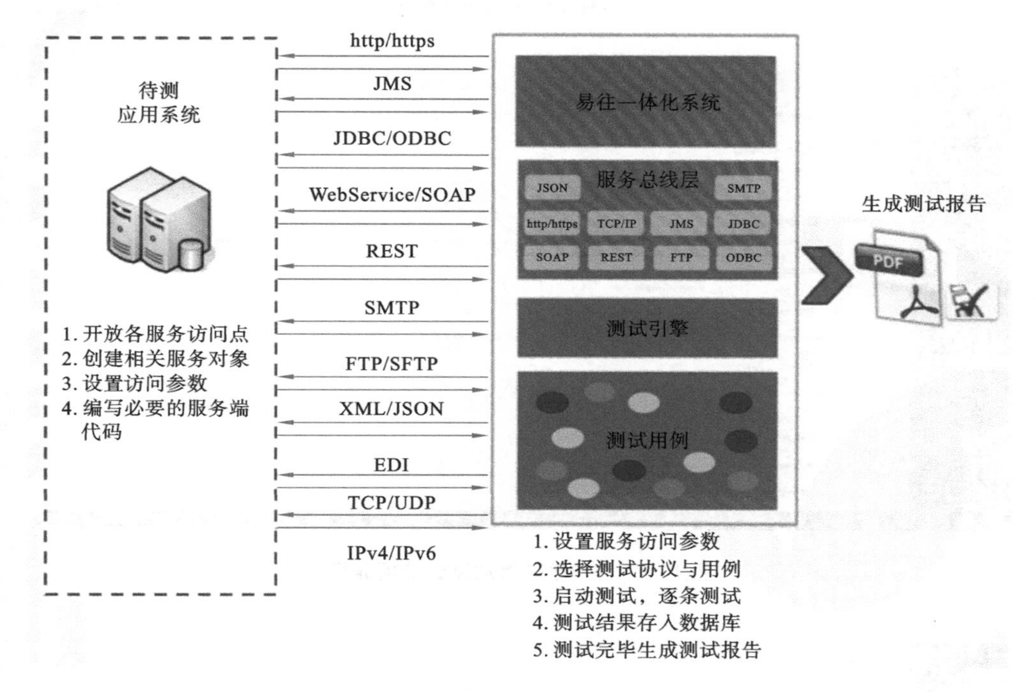

图 14-4 异构系统集成测试工具技术路线

测试一体机平台核心为测试引擎,并根据测试需要内置了大量的测试用例,通过企业服务总线(ESB)对外提供多种主流标准接口,用于多协议的测试。图 14-5 所示为异构系统集成测试选项界面,图 14-6 所示为异构系统集成测试结果界面。

4) 使用方法

(1) 将待测应用系统接入测试工具环境,创建一个新的测试任务,并进行必要的参数设置,包括测试工具端和待测应用端的参数设置;

(2) 选择全部或部分测试用例,核对并输入协议连接参数;

(3) 启动本次测试,测试工具将逐个测试选中的测试用例,并实时展示测试进度;

(4) 测试完成,用户可以选择新的测试用例,也可以及时生成本次测试报告。

5) 创新性

(1) 全面覆盖系统集成常用的协议与标准;

(2) 用户测试参数自动归档,下次测试时自动载入,简化测试流程;

(3) 采用前沿技术和算法,测试结果准确、完整和合理;

(4) 采用 Docker 容器的方式部署,方便移植;

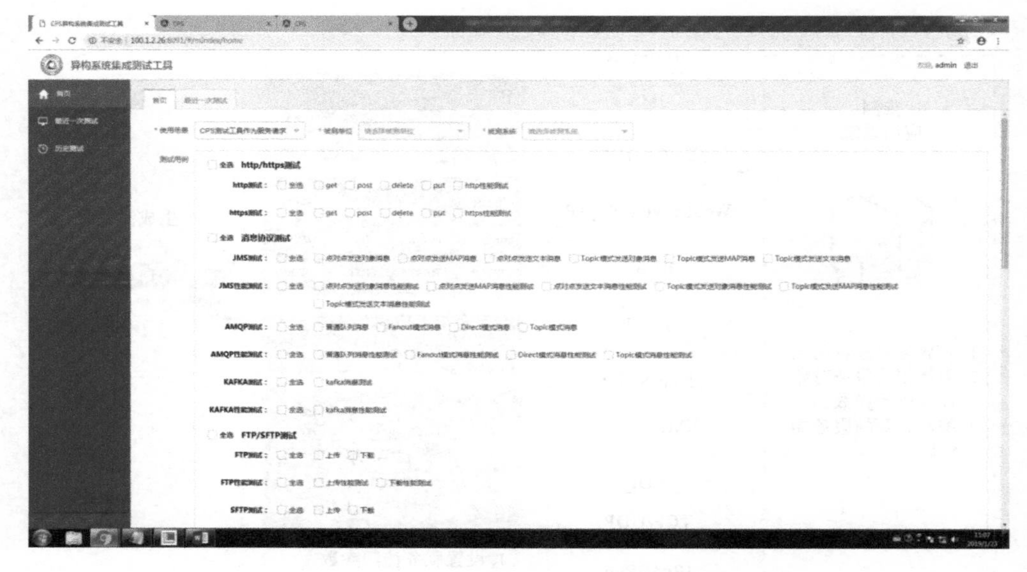

图 14-5　异构系统集成测试选项界面

图 14-6　异构系统集成测试结果界面

(5) 支持批量测试,可同时对 100 个用例进行测试;

(6) 支持在线测试和离线测试,可应对不同测试环境。

3. 数据互操作测试工具

1) 解决问题

目前工业现场内的设备与设备之间存在数据的交换与逻辑关系,本工具的测试对象是存在数据互操作的关联设备,主要对设备间数据(启动信号、停止信号、复位信号、控制信号、报警信号、状态信号以及反馈信号)互操作的准确性、实时性、完整性进行测试。

2）技术路线

开发测试工具，测试工厂中的数据是否可以正确及时地在多层级中流动，从而对数据互操作技术进行测试验证，图 14-7 所示为数据互操作测试工具技术路线。

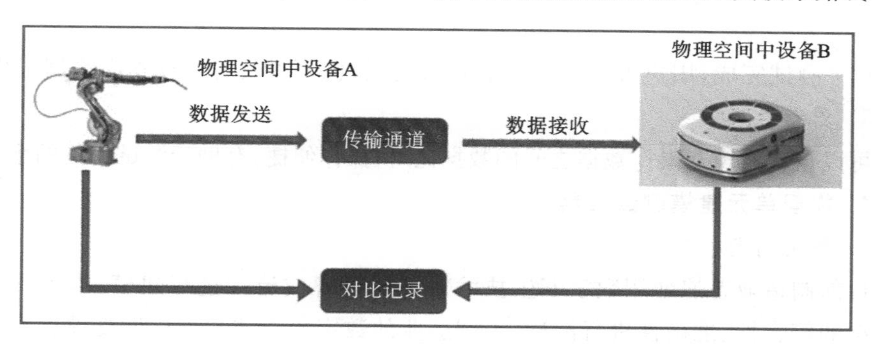

图 14-7 数据互操作测试工具技术路线

3）成果

软件架构：本测试工具基于互联网主流的 Java 框架构建，前端接入被测对象，中间为测试一体机平台，后端为数据库，用于保存测试结果与测试样本数据。图 14-8 所示为数据互操作测试界面。

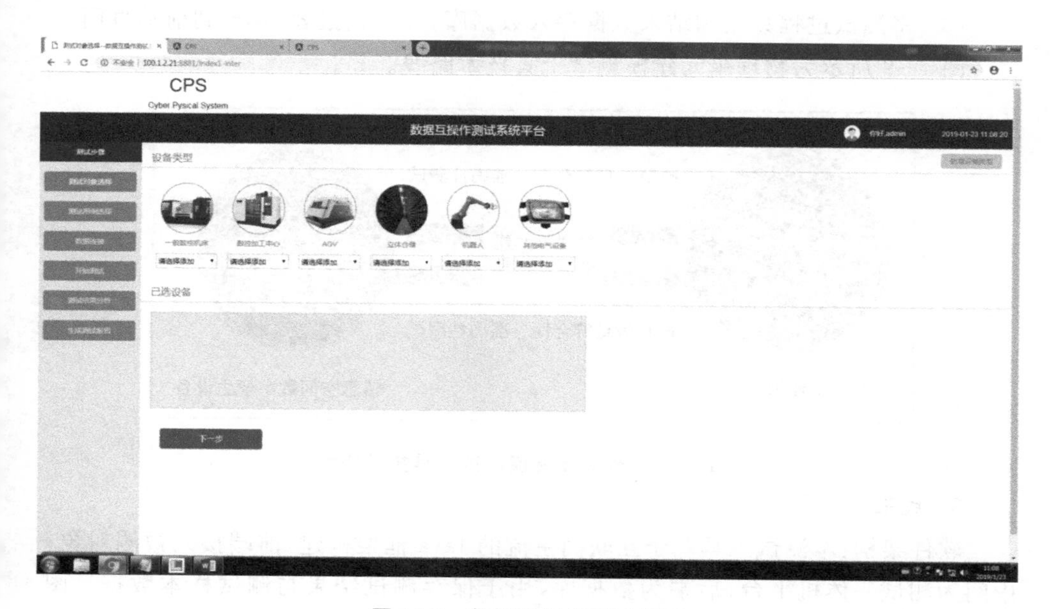

图 14-8 数据互操作测试界面

4）使用方法

（1）将被测对象接入测试工具环境，创建一个新的测试任务，并进行必要的参

数设置,包括测试工具端和待测应用端的参数设置;

(2) 选择全部或部分测试用例,连接数据库或设备准备测试;

(3) 启动本次测试,测试工具将逐个测试选中的测试用例,并实时展示测试进度;

(4) 测试完成,用户可以选择新的测试用例,也可以及时生成本次测试报告。

5) 创新性

可以自动实现互操作数据之间的数据比对,操作便捷,有助于测试用例的增补。

4. 物理单元建模测试工具

1) 解决问题

目前制造业普遍使用数字孪生技术对工业设备或流程进行建模,本工具对映射模型的符合性、准确性进行测试,为制造业的数字孪生技术推广做支撑。

2) 技术路线

(1) 通过 OPC UA 协议和 MQTT 协议,对真实物理单元数据和虚拟物理单元数据进行均匀采样;

(2) 对虚实数据进行预处理后,输入测试模型,分别进行数据的符合性测试和准确性测试;

(3) 将测试过程数据和结果数据存入数据库,并生成报表,输出到前端页面。

图 14-9 所示为物理单元建模测试工具技术路线。

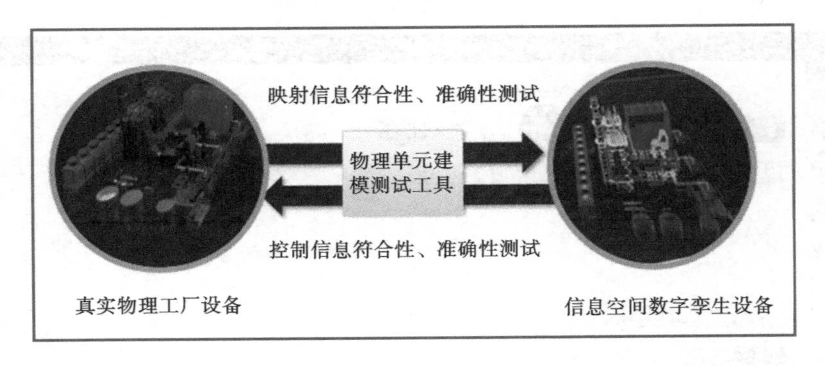

图 14-9　物理单元建模测试工具技术路线

3) 成果

软件架构:本测试工具基于互联网主流的 Java 框架构建,前端接入被测对象,中间为测试一体机平台,后端为数据库,用于保存测试结果与测试样本数据。图 14-10 所示为物理单元建模测试界面。

4) 使用方法

(1) 将被测对象接入测试工具环境,创建一个新的测试任务,并进行必要的参

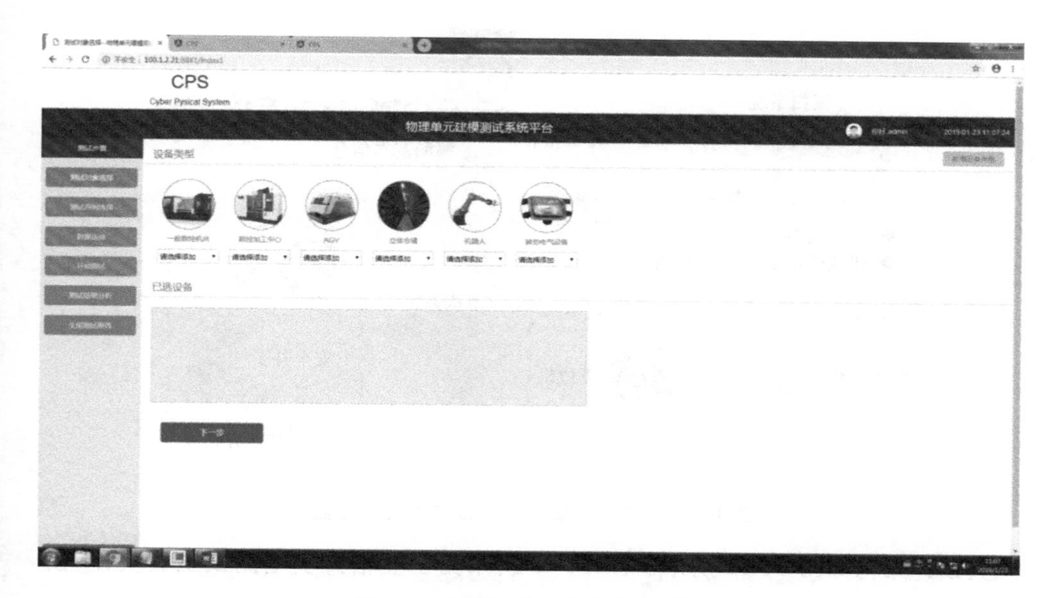

图 14-10 物理单元建模测试界面

数设置，包括测试工具端、待测设备和模型端的参数设置；

(2) 选择全部或部分测试用例，连接数据库或设备准备测试；

(3) 启动本次测试，测试工具将逐个测试选中的测试用例，并实时展示测试进度；

(4) 测试完成，用户可以选择新的测试用例，也可以及时生成本次测试报告。

5) 创新性

实现了物理单元模型与物理单元之间数据的自动化匹配与测试，测试用例可以不断扩充。

5. 工业信息安全测试工具

1) 解决问题

目前工业现场的信息化系统普遍存在安全漏洞，本测试工具通过攻防演练来对工业信息安全进行测试，为企业的工业信息安全程度做认证。

2) 技术路线

中国电子技术标准化研究院信息安全研究中心通过使用信息安全测试工具、SCADA 系统信息安全测试工具、工业信息安全标准验证工具对工业信息安全技术进行测试。图 14-11 所示为工业信息安全测试工具技术路线。

3) 成果

软件架构：本测试工具拟采用 PHP、Python 等当前主流信息技术进行研发，

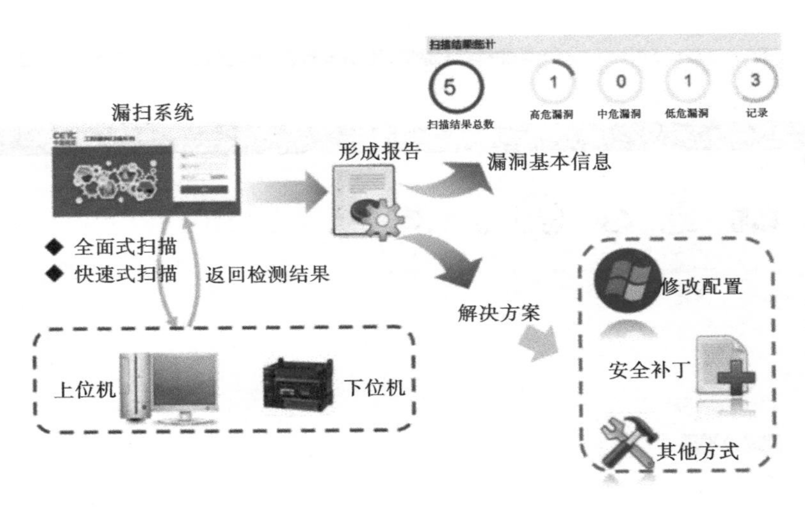

图 14-11　工业信息安全测试工具技术路线

工具设计架构如图 14-12 所示。图 14-13 所示为工业信息安全测试工具实体，图 14-14 所示为工业信息安全测试界面。

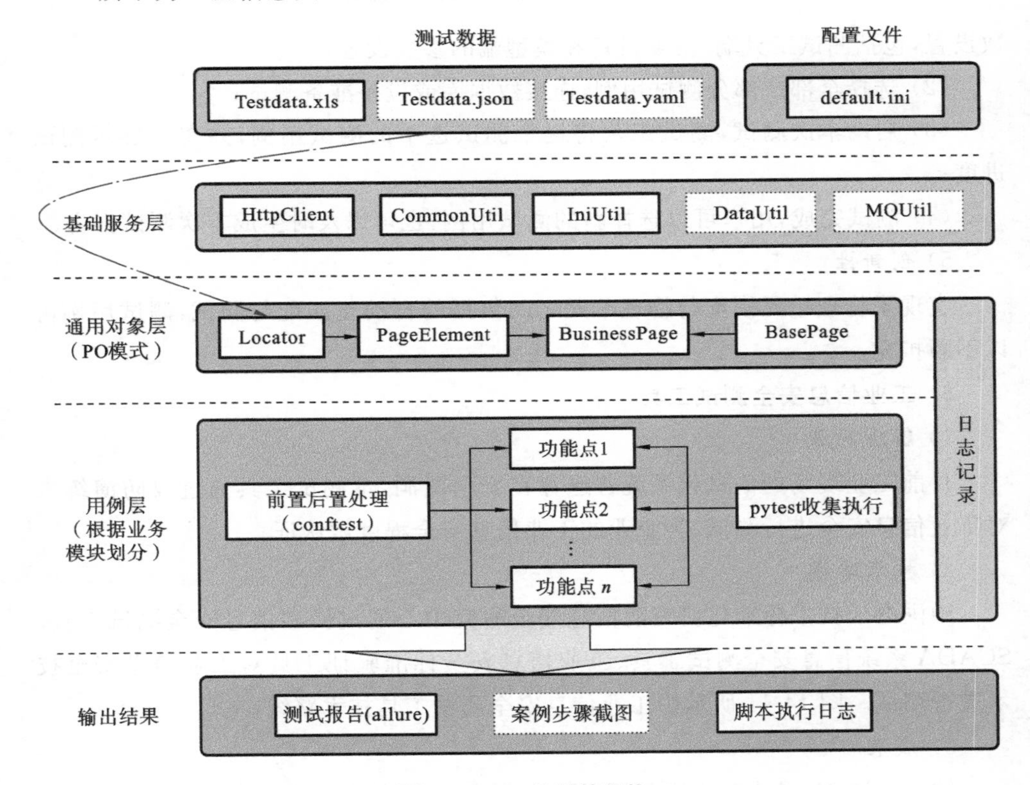

图 14-12　工具设计架构

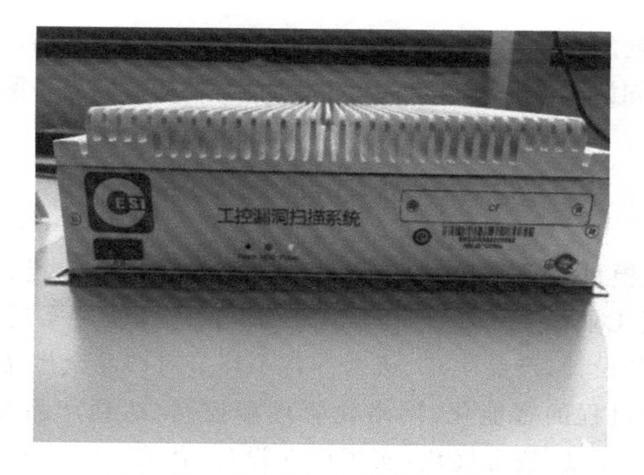

图 14-13　工业信息安全测试工具实体

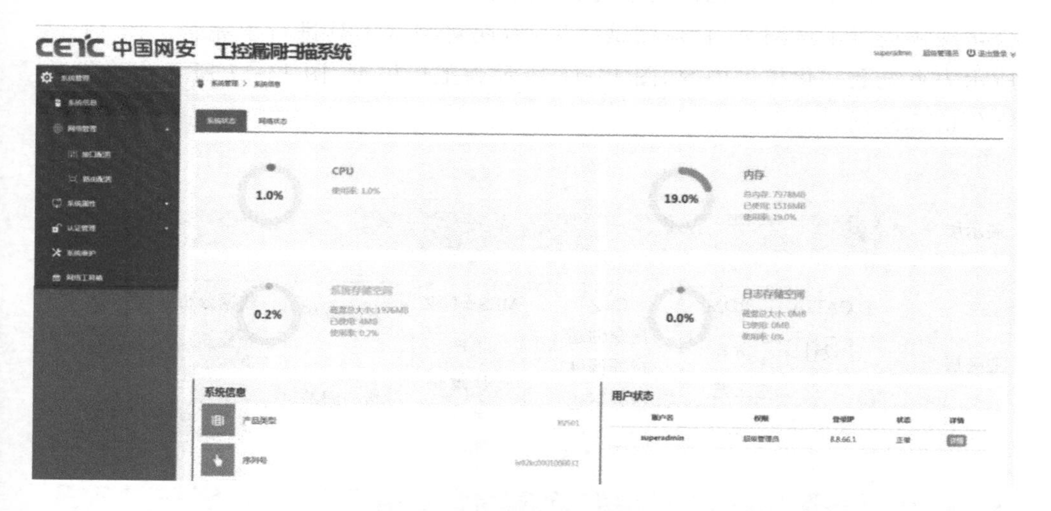

图 14-14　工业信息安全测试界面

4）使用方法

（1）将待测系统接入测试工具环境，创建一个新的测试作业，并进行必要的参数设置，包括测试工具端和待测应用端的参数设置；

（2）选择全部或部分测试用例，核对并输入协议连接参数；

（3）启动本次测试，测试工具将逐个测试选中的测试用例，并实时展示测试进度；

（4）测试完成，用户可以选择新的测试用例，也可以及时生成本次测试报告。

5）创新性

（1）集成工控设备指纹，支持多种工业协议漏洞检测；

(2) 支持面向组态软件、嵌入式操作系统的工控脆弱性扫描;

(3) 整合已知漏洞检测和未知漏洞挖掘功能,自动检测设备漏洞。

14.2 系统数字化模型

系统数字化模型为5项测试工具的试验及改善提供环境。上海航空工业(集团)有限公司工业软件CAx、EPR、MES、BI和仿真软件实现高度集成融合,从产品研发、产品设计、产品生产、流通等各个环节对产品全生命周期进行管理,实现生产和管理过程的智能化、网络化管理和控制,达到产品虚体模型信息流动、研制过程数据驱动、资源优化,实现面向设计、仿真、工艺、试验、质量、生产、能耗等环节的系统数字化模型系统。5款测试工具在上海航空工业(集团)有限公司现场进行了试测试,针对测试结果,后期对测试工具进行了完善。图14-15所示为系统数字化模型内容,图14-16所示为工厂模型,图14-17所示为飞机数字化仿真模型。

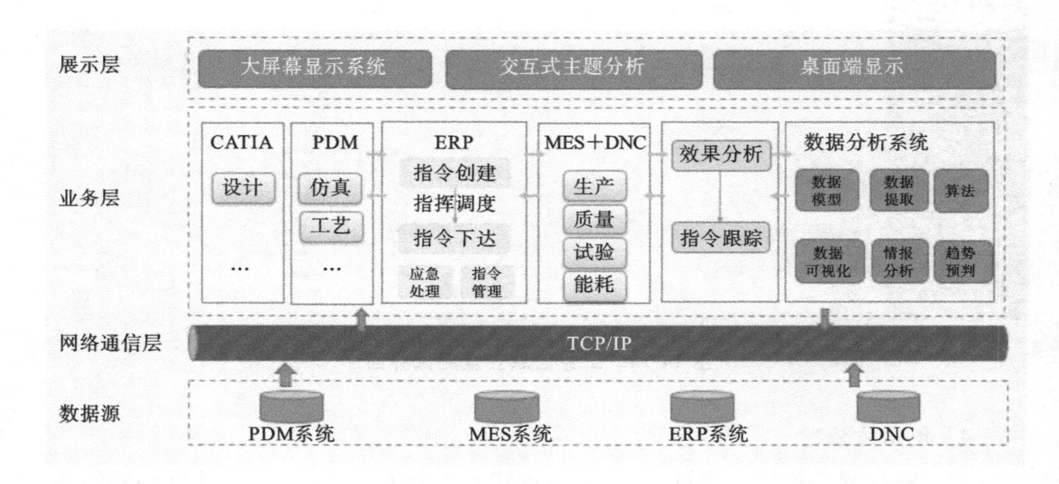

图14-15 系统数字化模型内容

在北京亦庄搭建电子板检测线数字化模型,通过烧录前检测、在线烧录、安全性检测、全功能检测进行四个工位的仿真,实时反映线体运行状态,主要体现了针对质量管控方面的数字化模型,利用数据模型和积累提高对质量方面的把控能力。图14-18所示为电子检测线,图14-19所示为电子检测线数字化仿真模型。

图 14-16　工厂模型

图 14-17　飞机数字化仿真模型

图 14-18 电子检测线

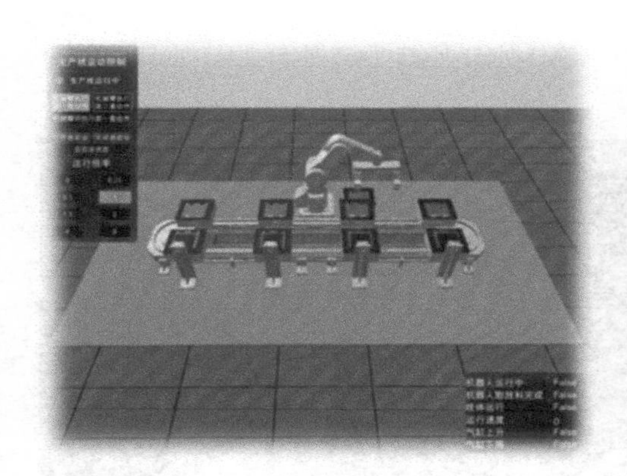

图 14-19 电子检测线数字化仿真模型

14.3 支 撑 库

针对知识库、模型库、资源库、标准库，详细设计支撑库的层级结构和目录，并购买知识库管理软件，围绕基础知识库、模型库、资源库、标准库开展支撑库建设，围绕冲压、机加工、装配三个制造单元内容共形成 140 个知识库文档、524 个模型库文档(包括物理模型与元数据模型)、30 个资源库文档、137 个标准库文档。图

14-20 所示为支撑库首页，图 14-21 所示为支撑库统计界面。支撑库提供了支撑保障的作用，通过设计支撑库的架构，明确所需的各种资源，也为后期资料的收集和积累指明方向。

图 14-20　支撑库首页

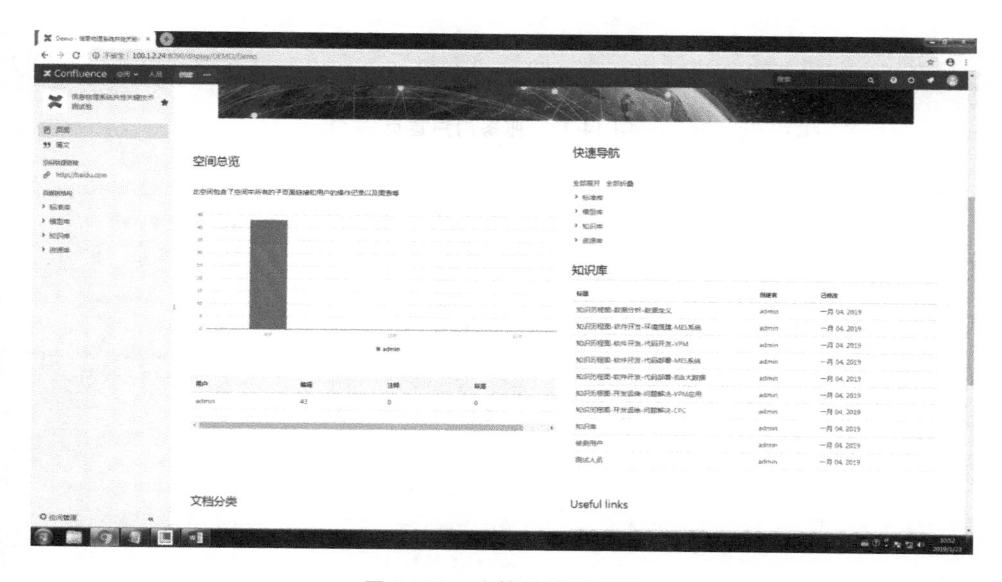

图 14-21　支撑库统计界面

14.4 服务门户

目前已建成信息物理系统共性关键技术测试服务门户一套,门户具备测试受理、测试分配、测试执行一体化功能,并具备成果发布、资讯发布等功能。图 14-22 所示为服务门户首页,图 14-23 所示为测试流程界面,图 14-24 所示为服务门户内容界面。应用资讯板块聚焦关于制造业及 CPS 领域的各类关键信息,打造信息物

图 14-22　服务门户首页

角色	用户名	昵称	机构名称	手机号	邮箱	启用状态
客户	kehu	客户-夏	百度	13151165739	857906619@qq.com	暂无
管理员	admin	管理员-刘	工信部	15261514038	857906619@qq.com	启用
测试人员	tester	测试员-张	工信部	18852982236	78896@qq.com	启用
客户	wangnaixing	客户-王	上海理锐	13151165451	857906619@qq.com	启用
管理员	guanli	管理员-李	工信部	13151165739	857906618@qq.com	启用

图 14-23　测试流程界面

图 14-24　服务门户内容界面

理系统的全方位窗口。成果发布板块聚焦 CPS 最新研究成果，对外提供 CPS 研究成果下载专区。应用地图板块聚焦目前各个省份典型的应用案例，展示各个省份 CPS 的应用情况。

第8篇　信息物理系统之发展篇

第15章　信息物理系统的发展趋势

信息物理系统是支撑信息化和工业化融合的综合技术体系。在世界主要国家纷纷发布制造业转型升级、“再工业化”战略的驱动下，发展CPS已成为支撑和引领全球制造业新一轮技术革命和产业变革的重要举措。为促进我国CPS发展，推动制造业与互联网融合，2017年3月，中国电子技术标准化研究院联合中国信息物理系统发展论坛成员单位，共同研究、编撰了《信息物理系统白皮书(2017)》，从“为什么”“是什么”“怎么干”“怎么建”“怎么用”和“怎么发展”等六个方面对面向制造业的CPS展开论述。

近年来，英国、德国、俄罗斯等国家陆续发布数字经济战略，以数字化为主题的新经济形态逐步显现，同时，互联网、人工智能、大数据等新一代信息技术日益成熟、应用日趋广泛。在经济形态转变以及新技术发展的双重驱动下，科技界、产业界、教育界等对CPS的研究与实践进一步深化，推动CPS进入新阶段。

1. 项目投资

资金投入持续扩大，推动CPS工程实践落地。美国瞄准世界技术前沿，强化科研布局，重点资助前瞻性研究领域。美国国家自然科学基金会2017—2019年在CPS研究上的资金投入总计为1.13亿美元，2019年投入资金为5150万美元，占三年总投入的45.6%。欧盟充分发挥国家间组织优势，聚焦中小企业行业应用布局，重点资助产业发展领域。“智能无处不在(SAE)”项目下的FED4SAE联盟通过构建一个泛欧洲CPS数字创新活动中心(DIHS)生态链，为中小企业提供技术与平台，推进欧洲CPS解决方案的市场化进程，加速欧洲工业和服务的数字化转型。该项目始于2015年，由欧盟“地平线2020”科研与创新框架计划资助，2019年额外拨付1400万欧元用于CPS的研究与应用推广。

我国政府积极培育企业试点示范，推动CPS体系建设的实施。工业和信息化部聚焦产业发展，近三年来开展制造业与互联网融合试点示范（CPS 试点示范）和工业转型升级专项，累计支持了 10 余项面向行业的 CPS 测试验证平台项目和试点示范。国防、科技等主管部门纷纷在各自领域开展部署工作。在国家国防科技工业局 2017 年发布的“民参军”和“军转民”军用技术推广目录和产品信息通知中，CPS 出现在其中。军委装备发展部信息系统局 2017 年发布全军共用信息系统装备预研指南，提出了“面向军事信息系统‘云＋端’的体系架构”的研究项目。科技部的“网络协同制造与智能工厂”重点专项将智能生产线 CPS 理论与技术（基础前沿类）作为一项研究课题。

2. 科技研究

在科技研究领域，国际上三大学术流派引领 CPS 学术科研走势，各研究机构纷纷开展 CPS 不同领域的研究工作，推动 CPS 技术多维度发展。我国紧随国际步伐，重点关注 CPS 理论、标准、应用等方面的研究，探索 CPS 技术的突破性发展。

NSF 侧重于 CPS 科学技术与工程领域的基础研究，并致力于将 CPS 理论和方法整合到教育中，开发新课程推动 CPS 技术的普及。NSF 是 CPS 研究领域最早发展起来的一个流派，2006 年组织召开了国际上第一个关于 CPS 的研讨会，并对 CPS 这一概念做出详细描述。NSF 每年都会面向学术界征集 CPS 研究课题并提供资助，近年来重点关注能够带来新思路的跨学科、跨领域的合作研究，能够加速 CPS 成熟应用的工程实践研究以及测试床试验环境的研究。2019 年美国 NSF 联合德国科学基金会（DFG）的信息物理网络优先项目（SPP-1914）对 CPS 通信网络领域的技术研究提供支持。

伯克利工业 CPS 研究中心（ICYPHY）侧重于 CPS 体系结构、设计、建模和分析技术的开源，旨在通过 CPS 解决机械、环境、电力、生物医学、化学、航空等领域的工程模型与算法模型之间的融合问题，搭建学术研究与工业应用的桥梁。近年来 ICYPHY 组织康茂盛（Camozzi）、电装（Denso）、福特（Ford）、丰田（Toyota）等工业企业与科研机构（包括斯坦福大学、华盛顿大学等）共同开展基于 CPS 的智能工厂、先进机器人技术、先进控制与优化技术方面的研究，2019 年 ICYPHY 与西门子公司在工业控制系统的建模与仿真、实时虚拟容器方面进行了重点研究。

IEEE 下的 CPS 技术委员会（TC-CPS）侧重于学术活动规划和服务，为世界各地有关 CPS 的研究和创新成果提供一个可以互相交流的平台。IEEE 聚焦 CPS 跨学科研究和教育，重点关注 CPS 的数据处理、基础架构、嵌入式系统、物联网、下一代操作系统、工业自动化等领域的研究。其与 NSF、ACM 联合组织的 CPS Week（2019 年更名为 CPS-IoT Week）是美国 CPS 学术界最重要的活动，从 2008

年开始,每年都定期举办 HSCC(混合系统:计算与控制)、ICCPS、IoTDI(设计与实现)、IPSN(信息处理与传感器)和 RTAS(嵌入式与应用)等五大顶级会议,同时包括多个研讨会、培训、竞赛、峰会以及行业和学术界的各种展览会。近年来 CPS Week 对 CPS-IoT 相关技术进行持续关注,2017 年提出物联网作为一项新兴技术给 CPS 带来挑战,并指出物联网有望成为 CPS 的全球网络基础设施;2018 年重点关注基于 IoT 驱动的 CPS 的可靠性问题;2019 年 CPS Week 正式更名为 CPS-IoT Week,可见 IoT 与 CPS 技术融合发展态势明显。

其他组织也对 CPS 展开了关键技术研究,跨组织间的合作交流趋势明显。德国电子电气行业协会(ZVEI)重视 CPS 核心技术与工业的结合,2019 年与工业4.0平台合作发布了《德国工业 4.0-资产管理壳》,文中提出了面向资产的功能架构,构建资产管理壳的使用视图,并描述了资产管理壳与价值服务应用场景之间的关系;2018 年 5G-ACIA 成立,其发布的《5G 应用白皮书》介绍了 3GPP 定义的 5G 非公用网络的四种工业部署方案,并根据服务属性说明了各场景间的差异。美国国家标准与技术研究所(NIST)成立 CPS 和智能电网工作组,与行业、学术界和政府合作开展 CPS 参考架构方面的研究并建立 CPS 测试床,对外提供测试服务;近年来还重点关注物联网发展为 CPS 带来的机会,2019 年发布的特别出版物 *Internet of Things/Cyber-physical Systems* 对 2011—2018 年间不同学术流派对二者的定义与关系的理解进行了梳理,认为二者相互融合的趋势明显。欧盟毕加索项目重点探讨欧美双边合作的可能性,2018 年发布的《欧盟-美国 IoT/CPS 合作前景分析报告》分别从技术、政治、法律、社会发展等视角分析了未来欧盟和美国在 CPS 相关领域合作的机遇和挑战。

我国学术领域在 CPS 理论、标准、应用研究领域均有突破。在基础研究领域,高校和科研单位对 CPS 的研究和应用进入核心攻坚阶段,重点突破物理仿真、实时传感、智能控制、人机交互、系统自治等 CPS 关键核心技术。2018 年,为了探讨未来自动化科学与技术的发展趋势,明确研究发展方向,《自动化学报》发布"自动化科学与技术未来发展专刊",探讨了 CPS 的发展给传统自动化科学与技术带来的新挑战和新机遇。2019 年 7 月由周济院士领衔,中国工程院、华中科技大学、清华大学、密歇根大学多位学者参与研究并撰写的论文《面向新一代智能制造的人-信息-物理系统(HCPS)》,从 HCPS 视角分析了智能制造系统的进化历程与趋势,重点探讨了面向新一代智能制造的 HCPS 的内涵、特征、技术体系、实现架构以及面临的挑战。在标准研究领域,中国电子技术标准化研究院积极推进 CPS 重点标准的国标立项工作,在国家标准化管理委员会、工业和信息化部的指导和支持下,2017 年《信息物理系统　参考架构》《信息物理系统　术语》两项国家标准正式立项，并经过 2 年的研制后正式发布。

3. 产业发展

产业应用逐步完善，呈现出大企业平台化协同化发展、中小企业借助优势资源开展自我升级改造的态势。大型制造企业正往软件化、平台化方向开发 CPS 解决方案，中小企业基于平台以较低的价格获得与大企业相同的定制化服务，有效地降低二次开发的成本。西门子公司通过收购不同类型仿真、分析软件，不断扩展其数字化业务，同时融入人工智能、数字孪生等技术，将其在制造领域多年的知识以模型化、组件化的形式沉淀到平台上，为客户提供基于 CPS 的工业数字化整体解决方案；2018 年收购 Mendix 公司及其低代码平台帮助中小企业开发自己的应用程序，吸引越来越多的工业企业入局，共同构建服务型制造生态。企业间通过平台集成各自的客户群体、品牌价值、专业领域知识和技术方案实现终端市场和应用等方面的优势互补。2018 年 6 月罗克韦尔自动化公司与美国参数技术公司达成战略合作协议，共同为客户打造全面、灵活的工业领域产品；同年 9 月，老牌制造企业 ABB 凭借其在过程、电力自动化领域的优势与贝加莱、达索联手为客户提供独特的、从产品全生命周期管理到资产健康管理的软件解决方案组合。制造企业已开始应用 CPS 来改善生产、管理以及服务等各个业务环节。2019 年 4 月中国电子技术标准化研究院出版的《信息物理系统(CPS)典型应用案例集》显示，我国企业开展的 CPS 应用实践现已涉及设备管理、柔性生产、质量管控、运行维护、供应链协同等多类制造场景，覆盖石化、烟草、船舶、电子、轨道交通等 15 个行业。其中，制造企业依托平台将行业原理、基础工艺、业务流程、专家经验等共性技术知识代码化、组件化、模型化，以数字化模型的形式沉淀并开放共享；解决方案供应商对接用户需求，为客户提供 CPS 解决方案、平台产品及实施服务。

4. 人才培养

伴随着 CPS 在整个工业界的普及，围绕 CPS 开展工作的工程师逐年增加，对接受正规的 CPS 教育或培训的需求急速上升，教育界开始意识到 CPS 学科发展的重要性。2016 年 12 月美国发布的《21 世纪的 CPS 教育》系统地介绍了工程教育帮助未来的工程人员获取并构建 CPS 能力的途径及建议。美国 NSF、相关专业协会和大学行政管理部门应在现有工程教育计划基础上，为给 CPS 工程专业和辅修专业的学生开设新的 CPS 课程提供支持，为 CPS 工程学士学位课程开设总体课程，并考虑为其分配资源，开展实践学习活动和实验室工作。加利福尼亚大学伯克利分校电气工程和计算机科学系开设“嵌入式系统概论：信息物理系统的方法”课程，该课程相较于传统的嵌入式课程更加注重建模方面的教学，重点面向 CPS 建模。此外，宾夕法尼亚大学、伊利诺伊理工大学、科罗拉多大学博尔德校区、爱荷华州立大学、纽约大学均开设了 CPS 相关课程。

国内清华大学、浙江大学、同济大学、华中科技大学、西北工业大学、西安电子科技大学、西安邮电大学、重庆邮电大学等重点高校创建了 CPS 研究组或实验室，中国香港和台湾地区的部分高校成立了 UCCPS(user-centric cyber-physical systems workshop)亚洲论坛从事 CPS 技术相关研究。西安电子科技大学、西安邮电大学成立了工业数字孪生与 CPS 研究中心，开设了智能生产 CPS、工业大数据、智能诊断与健康管理等相关课程，在铸造产线、汽车产线、机加产线、SMT 产线、航油产线、变速箱产线等开展 CPS 的研究与应用，在盾构机、挖掘机等产品使用与运维方面开展研究与应用。重庆邮电大学开设了“信息物理系统与智能工厂”课程，主要讲授国内外制造业的现状、信息物理系统及智能工厂的关键使能技术。同济大学工业 4.0 学习工厂目前已开发 8 门课程，通过综合性开放式的课程设计，在实际工程环境下全面培养、提高学生的工程素养和工程能力以及团队协作、组织协调能力。重庆大学成立信息物理社会可信服务计算教育部重点实验室(CPS-DSC 实验室)，开展信息物理社会可信服务计算基础科学问题及应用基础问题研究，支撑国家和重庆地区的经济建设和社会发展。华中科技大学成立信息-物理-社会系统实验室(Cyber-Physical-Social Systems Lab，CPSSLab)，主要的研究领域包括 CPSS、嵌入式系统、物联网、大数据、普适计算与移动计算、高性能计算、云计算、绿色计算等。

第16章　信息物理系统的发展建议

CPS作为支撑信息化和工业化深度融合的技术体系，能够对传统制造业进行全方位、全角度、全链条的改造。目前，我国制造业正由高速增长阶段向高质量发展阶段转变，CPS的发展进入全面实施阶段，诸多问题仍亟待突破。下面结合工业互联网、数字化转型的战略部署、标准体系、平台建设、行业推广、工程教育等方面对CPS发展需求提出建议。

（1）协调发展。CPS作为支撑信息化和工业化深度融合的使能技术，与工业互联网、制造业数字化转型协同发展。一是重点明确CPS的定位与联系，建立各有侧重、相互配合的协同发展机制。二是把握系统性推进方法，以技术研究为起点、以验证和测试为手段、用标准固化经验，先试点示范再应用推广，实现CPS与工业互联网、制造业数字化转型的共融共促发展。

（2）标准引领。一是依托工业和信息化部信息物理系统发展论坛聚集产学研用各方资源，充分掌握国内外CPS发展现状，分析发展趋势，持续调整完善现有CPS综合标准化体系，开展CPS参考架构、术语等关键标准的研制工作。二是推动标准的落实与推广，梳理CPS的核心技术和产业链条，提炼CPS的关键共性组成要素，结合CPS参考架构标准，整合测试床、测试软件、测试工具集和测试资源库等，开展技术验证与测试评估服务。三是聚焦数字孪生，推动CPS与数字孪生在技术、安全、应用等重点标准方面的相互配合、协同发展，引导数字孪生技术和应用的提升与进步。

（3）平台支撑。以平台建设为抓手，结合标准和方法论，面向CPS测试验证、技术转移、项目孵化等，为CPS行业应用和公共服务做支撑。一是依托工业转型升级项目成果和共性技术测试验证平台，建设行业测试验证平台，形成各类平台建设指南。二是依托地方经济信息系统、龙头企业，针对代表行业和典型应用场景建设体验中心。三是依托高校和龙头企业，建设开源社区以及有区域产业特点、孵化作用的制造业创新中心。

（4）行业推广。一是在制造领域基于CPS信息空间认知与决策赋予实体空间资源优化的能力，构建平台对接用户需求，发展按需、众包、众创等应用推广模式，促进形成技术产品应用多方参与、相互促进、快速迭代的创新机制，带动新模式、新业态的发展，催生新的经济增长点。二是推进CPS制造领域以外的应用实践，结合物联网技术，开展电力物联网、车联网、城市数字孪生等方面的研究，基于CPS在制造领域的成熟应用经验，分析处理更为复杂的实际问题，拓展智能电网、智慧城市以及智能运输的业务边界。

(5) 人才培养。一是大力开展“新工科”建设，高校开发和增设CPS导论课程，设定相应CPS工程师教育计划。升级传统工科课程，融入CPS相关内容，鼓励高校教师关注CPS的前沿性和交叉性研究，设立人工智能、大数据和智能制造等主题的新课程计划，建设多学科交叉融合、主体参与、多涉及面的新工科。二是重视CPS实践教育，通过产业介入、教育资源筹措共享等机制，成立CPS工程师的实训基地，提供面向培养CPS工程师的实践性学习活动、项目选题和实验环境。

附录　术语和缩略语

表 A-1　术语

术　　语	定　　义
信息物理系统 (cyber-physical systems)	CPS 通过集成先进的感知、计算、通信、控制等信息技术和自动控制技术，构建了物理空间与信息空间中人、机、物、环境、信息等要素相互映射、适时交互、高效协同的复杂系统，实现系统内资源配置和运行的按需响应、快速迭代、动态优化
物理实体 (physical entities)	本书特指人、机、物等在物理世界中真实存在、可见的形体
物理空间 (physical space)	物理空间指物理实体和物理实体之间的关系形成的多维空间
信息虚体 (cyber entities)	本书特指人通过工具对物理实体建模形成的数字化模型(映射)
信息空间 (cyberspace)	信息空间是主要由信息虚体组成，由相互关联的信息基础设施、信息系统、控制系统和信息构成的空间，具有控制、通信、协同、虚拟和控制等特点，亦称“赛博空间”
数字孪生 (digital twin)	本书特指在制造业中，人、机、物等物理实体映射形成的信息虚体，它依赖数据理解其对应的物理实体的变化并对变化做出响应

表 A-2　缩略语

缩略语	原 始 用 语
CPS	信息物理系统(cyber-physical systems)
SoS	系统之系统(systems of systems)
CPPS	信息物理生产系统(cyber physical production systems)
IoT	物联网(Internet of thing)
ICT	信息通信技术(information communications technology)
WMS	仓库管理系统(warehouse management system)
CRM	客户关系管理(customer relationship management)

续表

缩略语	原 始 用 语
PCS	过程控制系统(process control system)
ERP	企业资源计划(enterprise resource planning)
MES	制造执行系统(manufacturing execution system)
AGV	自动导引运输车(automated guided vehicle)
RFID	射频识别(radio frequency identification)
PHM	故障预测与健康管理(prognostic and health management)
CISC	复杂指令集计算机(complex instruction set computer)
RISC	精简指令集计算机(reduced instruction set computer)
FPGA	现场可编程门阵列(field-programmable gate array)
PLM	产品生命周期管理(product lifecycle management)
PDM	产品数据管理(product data management)
SCM	供应链管理(supply chain management)
MBD	基于模型的定义(model based definition)
CAD	计算机辅助设计(computer aided design)
CAM	计算机辅助制造(computer aided manufacturing)
CAE	计算机辅助工程(computer aided engineering)
CAPP	计算机辅助工艺过程设计(computer aided process planning)
CAT	计算机辅助测试(computer aided test)

参考文献

[1] 信息物理系统发展论坛. 信息物理系统白皮书(2017)[R/OL]. (2017-03-01)[2022-05-20]. http://www.cesi.cn/201703/2251.html.

[2] 中国电子技术标准化研究院. 信息物理系统(CPS)典型应用案例集[M]. 北京:电子工业出版社,2019.

[3] 中国电子技术标准化研究院. 信息物理系统(CPS)建设指南[R/OL]. (2020-08-28)[2022-05-20]. http://www.cesi.cn/202008/6748.html.

[4] Gill H. From vision to reality: cyber-physical systems[EB/OL]. [2020-05-20]. http://www2.ee.washington.edu/research/nsl/aar-cps/Gill_HCSS_Transportation_Cyber-Physical_Systems_2008.pdf.

[5] 钱学森. 工程控制论(英文版)[M]. 上海:上海交通大学出版社, 2015.

[6] Lee J, Bagheri B, Kao H A. A cyber - physical systems architecture for Industry 4.0-based manufacturing systems[J]. Manufacturing Letters,2015,3: 18-23.

[7] Greer C, Burns M J, Wollman D,et al. Cyber-physical systems and Internet of things[R/OL]. (2019-03-07)[2020-05-20]. https://doi.org/10.6028/NIST.SP.1900-202.

[8] Jazdi N. Cyber physical systems in the context of Industry 4.0[C]//2014 IEEE International Conference on Automation, Quality and Testing, Robotics, 2014.

[9]Engell S, Paulen R, Sonntag C, et al. Proposal of a European research and innovation agenda on cyber-physical systems of systems 2016-2025[R]. Dortmund:Process Dynamics and Operations Group,2016.

[10] 安筱鹏. 重构:数字化转型的逻辑[M]. 北京:电子工业出版社, 2019.

[11] 胡虎,赵敏,宁振波,等. 三体智能革命[M]. 北京:机械工业出版社, 2016.

[12] 邢黎闻. 孙优贤院士论工业信息物理融合系统[J]. 信息化建设, 2018(01): 10-11.

[13] 孔宪光. 数字孪生,将成数字化企业标配[N/OL]. 中国电子报,改革开放40年·两化融合 特刊,2018-11-27. [2022-05-20]. http://epaper.cena.com.

cn/content/2018-11/27/node_9. htm.
[14] 李杰. 工业大数据:工业 4.0 时代的工业转型与价值创造[M]. 邱伯华,等译. 北京:机械工业出版社，2019.
[15] Grieves M. Digital twin：manufacturing excellence through virtual factory replication[J]. White paper，2014，1：1-7.
[16] Tao F，Qi Q L，Wang L H，et al. Nee Digital twins and cyber - physical systems toward smart manufacturing and Industry 4. 0：correlation and comparison[J]. Engineering,2019,4(5):653-661.
[17] Cheng J F，Zhang H，Tao F，et al. DT-II：Digital twin enhanced Industrial Internet reference framework towards smart manufacturing [J]. Robotics and Computer-Integrated Manufacturing，2020，62：101881.
[18] Tao F，Zhang H，Liu A，et al. Digital twin in industry：State-of-the-art [J]. IEEE Transactions on Industrial Informatics，2018，15 (4)：2405-2415.
[19] Kong X，Chang J，Niu M，et al. Research on real time feature extraction method for complex manufacturing big data [J]. The International Journal of Advanced Manufacturing Technology，2018，99(5-8)：1101-1108.
[20] 李杰,邱伯华,刘宗长,等. CPS:新一代工业智能[M]. 上海：上海交通大学出版社，2017.